能源与电力分析年度报告系列

2015 国内外智能电网发展分析报告

国网能源研究院 编著

中国电力出版社
CHINA ELECTRIC POWER PRESS

内 容 提 要

《国内外智能电网发展分析报告》是能源与电力分析年度报告系列之一，旨在通过对2014年国内外智能电网发展情况进行介绍和分析，为我国智能电网战略规划和部署实施提供借鉴参考。

本报告第1章介绍了2014年美国、欧洲、日本等主要发达国家和地区智能电网规划与实践进展，以及2014年智能电网领域国际间跨国协作与行业联合的成果；第2章从战略优化与规划部署、相关政策与法规、标准制定、关键技术与设备、试点与工程建设五个方面展示了2014年我国智能电网取得的主要成就；第3章挑选中国张北国家风光储输示范工程、美国西北太平洋智能电网示范工程和德国E-Energy促进计划进行了介绍，这三个工程具有投资规模大和影响范围广的特点；第4章对智能电网综合评估、智能电网与智慧城市两个专题进行了介绍；第5章对国内外智能电网发展趋势做了展望。

本报告可供我国能源及电力工业相关政府部门、企业及研究单位参考使用。

图书在版编目（CIP）数据

国内外智能电网发展分析报告. 2015/国网能源研究院编著. —北京：中国电力出版社，2015.12

（能源与电力分析年度报告系列）

ISBN 978-7-5123-8643-3

Ⅰ.①国… Ⅱ.①国… Ⅲ.①智能控制—电网—研究报告—世界—2015 Ⅳ.①TM76

中国版本图书馆CIP数据核字（2015）第291559号

中国电力出版社出版、发行

（北京市东城区北京站西街19号 100005 http://www.cepp.sgcc.com.cn）

航远印刷有限公司印刷

各地新华书店经售

*

2015年12月第一版 2015年12月北京第一次印刷

700毫米×1000毫米 16开本 7.25印张 85千字

印数0001—2500册 定价 **50.00** 元

《国内外智能电网发展分析报告》
编　写　组

组　长　张　钧

副组长　靳晓凌

成　员　谢光龙　代贤忠　刘　林　白翠粉　何　博　胡　波
　　　　李立理　杨　方　王　阳　杨　倩　冯庆东　柴玉凤

前　言

国网能源研究院多年来紧密跟踪国内外智能电网政策、规划、标准、技术及示范工程的最新进展，广泛开展跟踪调研和对比分析研究，形成年度系列分析报告，为政府部门、电力企业和社会各界提供了有价值的决策参考和信息。

气候变化问题已成为摆在各国政府面前的共同问题。能源行业的变革成为节能减排，实现经济社会绿色、高效发展的必然选择，而能源行业的变革重点集中在能源生产端和消费端。智能电网作为连接两者的纽带，一方面可以促进可再生能源等能源生产环节的科学发展，另一方面通过自动化、智能化、互动化等手段提高能源传输及使用环节中的能效水平。发展智能电网已成为美国、德国等国家能源战略不可或缺的组成部分。随着智能电网内外部环境发生变化，相关国家在智能电网理念、建设重点等方面都在不断更新，并持续出台了相关政策措施，以便科学推动其快速发展。

我国政府高度重视智能电网建设，2010—2012 年政府工作报告要求加强智能电网建设，2014 年《能源发展战略行动计划(2014—2020 年)》明确提出大力发展可再生能源。以国家电网公司和南方电网公司为代表的电网企业积极贯彻落实国家能源发展战略，发挥自身专业优势，成为我国智能电网发展建设的主要引领者和推动力量。国家电网公司结合中国能源资源布局特点和经济社会快速发展的需求，积极开展智能电网建设，取得了显著的成效。

本报告共分5章。第1章主要介绍2014年美国、欧洲、日本等主要发达国家和地区智能电网规划与实践进展，以及2014年智能电网领域国际合作相关情况；第2章主要从战略优化与规划部署、相关政策与法规、标准制定、关键技术与设备、试点与工程建设五个方面介绍了2014年中国智能电网发展情况；第3章挑选国内外典型智能电网示范工程做了介绍；第4章介绍智能电网综合评估、智能电网与智慧城市的研究成果；第5章对国内外智能电网发展趋势做出总结与展望。

本报告概述由杨方主笔，2014年国外智能电网发展情况由张钧、谢光龙、代贤忠主笔，2014年中国智能电网发展情况由何博、李立理、靳晓凌主笔，国内外典型智能电网示范工程和专题研究由刘林、白翠粉、胡波主笔，国内外智能电网发展展望由刘林主笔。全书由张钧、靳晓凌统稿、校核。

在本报告的编写过程中，得到了南方电网公司科学研究院等单位，国家电网公司科技部（智能电网部）、营销部、发展部等部门的大力支持，在此表示衷心感谢！

限于作者水平，虽然对书稿进行了反复研究推敲，但难免仍会存在疏漏与不足之处，恳请读者谅解并批评指正！

编 著 者

2015年11月

目　录

概　述

应对气候变化、实施节能减排的形势日趋严峻，推动能源系统的清洁化、低碳化、智能化转型发展已成为各国的普遍共识。各国政府和相关各方大力推动可再生能源发展，实施节能和能效管理，重视天然气、洁净化石能源利用，促进跨国能源技术和基础设施的合作。智能电网在关键技术、标准体系、示范工程、商业模式、政策机制等方面不断积累经验、日益成熟，为其在能源系统转型发展过程中发挥更加核心的作用奠定了基础。2014 年，智能电网在持续发展的同时，呈现出一些新的动态。

智能电网在能源系统中的定位和作用进一步提升。美国学者杰里米·里夫金所著的《第三次工业革命》引起了广泛反响，书中描绘了一幅智能时代下由可再生能源为主导的能源发展形态，给人无限的遐想和希望。关于第三次工业革命的讨论和设想很多，涉及能源、信息、制造、生物、材料等多个领域，无论是角度还是侧重的差异，都需要我们用一种迎接变革的视角去认识时代的发展。沿着人类利用能源的历史展望未来，能源系统将更加清洁、互动、智能、低碳、高效。智能电网通过能源技术与信息、材料、控制领域的集成创新，将更大程度地实现清洁能源高效利用和能源服务按需供给，推动能源转型发展，对我国实现能源革命的战略目标有重大战略意义。

互联网技术和理念与智能电网深度融合。大数据、物联网、云计算、信息与物理融合等互联网相关技术蓬勃发展，在带动形成一大批新型业态的同时，也给传统产业转型升级带来了机遇。在互联网技术的影响下，智能电网的内涵不断丰富。2014年，美国、欧洲、日本等国家（地区）对智能电网的技术发展路线图进行滚动修订，并在试点示范工程中应用与推广。注重信息的高级利用以及信息与能源的深度融合已成为智能电网重要的发展方向。借助互联网，国外主要发达国家积极探索其与其他电网的相互融合。其中，以美国西北太平洋智能电网示范工程、德国E－Energy计划以及中国多项综合示范工程具有代表性。对我国而言，“互联网＋”已成为驱动我国经济增长的新引擎之一，实现“互联网＋电网”“互联网＋能源”不仅仅是理念的创新，而是源于智能电网的技术创新、商业模式创新。

承载越来越多可再生能源的电网大范围互联互通得到快速发展。欧洲多国围绕可再生能源大规模消纳利用而推动的跨国互联工程，国家电网公司提出的全球能源互联网理念以及相关电网技术、装备和输电工程的国际化合作等也有力地推动了智能电网领域的发展。为满足全球能源发展的需求，智能电网相关技术和装备的国际合作也成为近年来智能电网领域的热点。比如，美国2014年对“电力非洲”计划增加投资，以增进美国与非洲国家电网的关系发展。

随着国际智能电网的不断发展，部分智能电网示范工程已运行一段时间，其产生的大量数据为阶段性分析智能电网对经济社会的推动作用提供了前提条件。智能电网综合评估作为研究智能电网成本与收益的方法，成为政府、企业、高校等相关方的研究热点。而随着智慧城市理念的提出，电力作为现代社会发展的重要能源基础，如何推动智慧城市发展，如何在智慧城市发展中给予重视等课题值得高度关注。

1 2014年国外智能电网发展情况

1.1 美国

2014年5月，美国总统奥巴马提出"全方位"能源战略——《作为经济可持续增长路径的全方位能源战略》（the all - of - the - above energy strategy as a path to sustainable economic growth）。该战略是美国能源战略的一次重大调整，一是从低碳技术着手，利用税收激励政策，鼓励清洁能源生产投资，并直接对温室气体排放进行监管，包括在《清洁空气法案》中鼓励使用高效率燃油汽车和油气混合动力车；二是首次对现有发电厂进行碳排放限制，要求2030年之前削减碳排放的30%。

相关数据表明，能源转型对美国经济恢复具有重要贡献。不断增长的国内能源产量带动了GDP增长，并创造了无数就业岗位。2012年和2013年，仅仅油气产业就贡献了超过0.2%的GDP。太阳能和风能行业创造了成千上万个就业岗位。同时，美国通过减少对外石油依赖，大大提高了应对国际石油供应危机的能力，增强了宏观经济的能源安全。尽管国际原油供应和价格波动依然会给美国造成风险，但是进一步削减石油净进口可以降低风险，美国的石油和天然气产量已经居于世界领先地位，石油、天然气和其他液化燃料的总产量已经超过沙特阿拉伯和俄罗斯。另外，据美国能源信息署（EIA）预测，美国石油销量将从2019年后开始下降。事实上，美国汽油消耗量在

2007 年已经到达峰值，现在已经下降了 5.5%。风能、太阳能和地热能发电已比 2009 年翻了一番。

电源侧的亮点表现在发展太阳能方面。2014 年美国在太阳能的战略定位、商业模式、工程实践等方面取得显著进展。2014 年 5 月，美国总统奥巴马发表了促进以光伏发电为中心的能效提升技术普及的行动计划，美国有 300 多家企业和公共机构参加。该计划旨在通过企业和团体的努力，在未来 10 年，住宅、办公室和工厂等消费的能源利用效率提高 20%以上，实现节能的建筑物面积超过 $90km^2$。住宅和电力领域的企业将扩大光伏发电系统的装机容量，设置能充分满足约 13 万户住宅用电量的光伏发电系统，合计输出功率在 850MW 以上。零售领域的企业将推进店铺的节能化。

为起到示范作用，美国白宫屋顶的一系列太阳能电池板于 2014 年开始启用。同时，计划投资 20 亿美元用于提高美国政府大楼（联邦大厦，federal buildings）的能源效率。

为配合上述光伏计划，已有 300 家机构承诺安装共计 850MW 的光伏系统。其中，沃尔玛承诺截至 2020 年末将其营业处所安装的光伏系统的数量翻番，预计新光伏系统的总规模达到 94MW；苹果和雅虎等将在本公司内部设置光伏发电系统。谷歌将向新一代功率调节器划时代的技术开发提供 100 万美元奖金。

在商业模式创新方面，明尼苏达州（Minnesota）走在了全美前列。2014 年 3 月，明尼苏达州成为美国首个采用“太阳能价值”政策（value of solar）的州。其目的是形成一个透明的、以市场为导向的太阳能价格，从而从根本上改变电力公共事业单位与能源生产客户之间的财务关系。表 1-1 列出了传统表计模式和“太阳能价值”政策模式的差异。

表 1-1 传统表计模式与“太阳能价值”政策模式对比

传统表计模式	“太阳能价值”政策模式
用户获得信用汇票	用户获得信用汇票
信用汇票=零售电价	信用汇票=“太阳能价值”费率
随零售价格波动	太阳能价值在25年的合同中规定
太阳能发电不超过用户自身年耗电量的120%	太阳能发电不超过用户自身年耗电量的120%
发电超出部分按零售价格(<40kW)或生产成本(<1MW)结算	发电超出部分按一定比例收取罚金

从表1-1可见,“太阳能价值”政策具有两个显著特点:为期25年的合约以及使用信用汇票而非独立支付现金。其在降低环境成本、燃料成本等方面的初期评估结果如图1-1所示。

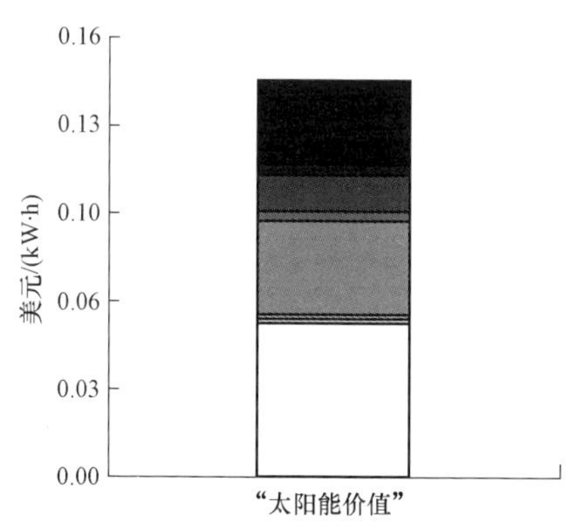

图1-1 “太阳能价值”政策初期评估结果

由图1-1可以看出,“太阳能价值”政策较为明显的效果集中在避免燃料成本、避免发电容量成本和避免容量成本。其中,以避免燃料成本的效益最大,即“太阳能价值”政策下,每发1kW·h的电量,可节省燃料成本超过5美分。表1-2给出了明尼苏达州目前实施的

"太阳能价值"政策与未来政策之间的对比。

表 1-2　当前"太阳能价值"政策与未来"太阳能价值"政策对比

现　　行	未　　来
用户获得信用汇票	用户在一个独立交易系统中结算
太阳能发电不超过用户自身年耗电量的 120%	太阳能发电量不受任何限制
发电超出部分按一定比例收取罚金	无限制
公共事业单位决定是选择"太阳能价值"或表计模式	公共事业单位必须提供"太阳能价值"，用户选择采用"太阳能价值"或表计模式
公共事业单位获得太阳能信用（solar renewable energy credit，SREC）	用户保有 SREC

表 1-2 中，与未来"太阳能价值"政策相比，现行政策尚有一段距离。未来"太阳能价值"政策更为理想，现行"太阳能价值"政策则是为考虑现实情况的折中。

无论是对公共事业单位还是普通用户，"太阳能价值"政策均能提供有利价值。一是对普通用户而言，一份价格固定且长达 25 年的合同意味着融资将更为顺利，且可使太阳能电力的成本持续下滑——回报率相当丰厚。二是对公共事业单位而言，透明的市场价格不仅有助于消除公众就拥有太阳能发电的用户与非太阳能发电的用户之间存在"交叉补贴"的担忧，而且还意味着支付太阳能电力流程可脱离零售电力价格。三是倘若因"太阳能价值"政策，明尼苏达州公共事业单位效益可观，那么其他州就太阳能分布式发电的争论很可能就此落下帷幕。"太阳能价值"政策可为公共事业单位及其用户解决分布式可再生能源发电的补偿问题。

尽管太阳能等新能源可以带来节能减排等好处，但其无序发展将为社会经济带来新的问题。鉴于此，**2014年2月美国电力科学研究院针对分布式电源在广泛应用后对电网的影响和对策公布了相关研究报告。主要研究结论如下：**

（1）现代电网的发展亟须分布式电源同传统电网的深度协同合作，包括升级交互准则和传输标准，使得分布式电源能顺利并网；

（2）利用先进、可靠的分布式技术保证分布式电源和电网运营商的运行灵活性和连接可靠性；

（3）将分布式电源集成到电网规划和运行过程中；

（4）当分布式电源与现有系统充分集成后，形成政策法规保障综合电网的安全经济运行。

电网侧，美国智能电网越来越强调电网的弹性，以增强电网对极端天气情况的应对能力。为应对恶劣天气，美国纽约州投资330万美元，开展了7个相关智能电网项目。这7个智能电网项目的承担单位分别是：布鲁克海文国家实验室（长岛），主要内容是在实时响应中利用雷达恢复电力设施系统；克拉克森大学（波茨坦），主要内容是设计一个具有弹性的地下微电网；ClearGrid创新公司（纽约市），主要内容是利用电脑视觉来分析配电问题图像；联合爱迪生公司（纽约市），主要内容是示范非同步微电网解决方案；康奈尔大学（伊萨卡），主要内容是先进的微电网整合分布式能源资源；洛克希德马丁系统培训中心（奥韦戈），主要内容是综合的空中天气灾害预测系统；罗彻斯特理工学院，主要内容是微电网协作，用于改善经济和环境成本，以及电网弹性。

随着网络威胁的频繁出现，加强和完善电网对网络攻击的抵抗能力也成为2014年美国智能电网发展的另一关注点。美国能源部发布C2M2网络安全能力成熟度模型。作为奥巴马政府保护本国重要基础设施的重要部分，C2M2包括电力网络安全能力成熟度模型（ES-

C2M2）、石油和天然气基础设施安全能力成熟度模型（ONG-C2M2），以及一个适用于其他企业的模型。美国能源部将利用新网络安全能力成熟度模型（C2M2）加强保护相关石油、天然气的基础设施以及电网抵抗网络攻击，帮助有关机构评估自己的网络安全能力，并逐步加强防护。值得指出的是，电网安全能力成熟度模型（ES-C2M2）目前仍是一个自愿评估模型，为其使用者提供免费的评估工具包及指导，并促进自我评价。在互联网高度发展的今天，如何应对网络攻击无疑应引起足够的重视。

用户侧，美国继续着力于深入推进用户与电网的互动化。**一是为电动汽车继续提供补贴**。美国的新能源汽车政策具有分级补贴、各州不同的特点。目前，美国纯电动汽车的补贴将车辆总重划分为四挡，以确定不同的减税幅度。购买总重不超过8500磅的纯电动汽车减3500美元，若这种纯电动汽车一次充电续驶里程可达到100英里或有效荷载容量达到1000磅的，可以增大减税幅度到6000美元。针对燃料电池汽车，则有税收减免补贴。这其中包含两种情况：一种是基于车总重的税收减免，适用于所有的燃料电池汽车；另一种是基于燃料经济性标准的税收减免额，只适用于车总重8500磅以下的乘用车和轻卡燃料电池汽车。美国对于混合动力车的补贴政策则更为细致复杂，不同政府部门、不同州的补贴政策各不相同。除了对于混合动力车的税费减免之外，一些州还实行免费停车等优待政策，来促进本地区新能源车的普及及发展。

电动汽车充换电设施建设方面，美国电动汽车企业特斯拉在北美地区有94个充电站，覆盖东西海岸，并建立了连接东西海岸的充电走廊，该公司计划近两年要将其超级充电站覆盖美国98%的人口居住地区。另外，特斯拉公司计划公开其超级充电站系统技术，以推动电动车充电标准的统一。特斯拉的超级充电设备为一部Model S汽车充电的时间比普通设备快20倍，20分钟就可以充满一半的电池。Model S汽车电池单次行驶里程约为426km，使电动汽车技术提升了一个台阶。

二是电池研发力度不断加大。美能源部燃料电池技术办公室认为，燃料电池市场潜力巨大，整个市场价值可达千亿美元。于是，美国能源部于2014年4月向位于康涅狄格州的FuelCell Energy燃料电池公司投入超过300万美金以支持燃料电池项目，增强美国在燃料电池市场的竞争力。该公司主要研发电网级燃料电池，致力于提高可用于分布式发电和热电联产的固定式燃料电池的性能、使用寿命，并降低其生产成本。

1.2　欧洲

围绕欧盟2020年“20－20－20”目标和2050年“电力生产无碳化”发展目标，欧洲有关国家通过发展可再生能源，实现能源的安全、可持续发展。从智能电网中长期发展考虑，围绕“2050能源路线图”，欧洲输电网运营商联盟（European Network of Transmission System Operators for Electricity，ENTSO－E）在2014年7月公布了新的泛欧“未来十年电网发展规划（Ten－Year Network Development Plan，TYNDP）”草案，设立2030年为重要水平年，兼顾欧洲各国的发展差异性，制定了欧洲电网的总体发展路径，在积极发展可再生能源发电的同时，推进大电网紧密互联，实现资源共享。

从电源侧来看，风能和太阳能仍是可再生能源发展的主力，海洋能等新能源则作为有力的补充。

TYNDP 2014表明可再生能源发电在欧洲将得到快速发展，预计2030年可再生能源发电的装机容量将由目前的400GW增长至647～1150GW，主要集中在德国、伊比利亚和意大利半岛、北海附近等国家区域，可再生能源发电量将占总用电量的40%～60%。对同比例可再生能源发电的并网消纳，是输电网面临的主要挑战之一，同时成为电网升级建设的主要驱动力。

欧洲各国由于各自的政治框架、工业水平的差异，在可再生能源发展上也各有特点。德国的风电和光伏装机容量均是欧洲最大的，相应的电价政策也从粗放逐步转向精细，与市场挂钩的定价方式是欧洲可再生能源上网电价政策的发展趋势。根据德国政府的能源转型计划，德国到2022年将彻底关闭核电站，到2050年可再生能源占总发电量的比重将超过80%。德国方面期望在2022年时，风力和太阳能等可再生能源可以替代核反应堆提供的电力。德国的能源转型将会让长期依靠固定上网电价补贴促进可再生能源发展的机制得到改变，通过市场的引导，让可再生能源发电模式更加有序合理。而在英国，其能源与气候变化部于2014年4月公布了《光伏发电战略》，将在工厂、超市等大型建筑物的屋顶以及停车场设置光伏发电系统，从而将地面大规模光伏电站转向屋顶光伏发展，并利用光伏发电产业创造数十万个就业岗位。与该战略同步，英国教育部正在推行提高英国2.2万所学校的能源效率，将积极在学校屋顶设置光伏发电系统，以减少每年高达5亿英镑的能源支出的政策。

除了风力发电和光伏发电，海洋能利用也开始在欧洲得到重视。欧盟委员会于2014年3月宣布将采取行动推进海洋能源利用技术的发展。计划核心是建立一个海洋能源论坛，统筹欧盟海洋能源的研发创新资源，强化价值链的各利益相关方的协同，提升蓝色能源研发创新能力与技术竞争力，加速蓝色能源这一新兴技术行业的产业化，促进经济增长和扩大就业。

海洋能与化石能源相比，并不具备价格优势，但是其对于海岛和海洋工程的辅助用电而言是非常有前景的。另外，随着陆上化石能源的逐渐枯竭，新能源的开发利用早已成为热点。海洋因占据地球表面积的71%，且蕴藏着丰富能源，而被各国尤为关注。欧盟委员会此次行动计划主要是针对欧盟目前海洋能源技术开发及产业化遇到的挑战进行全面梳理，并提出了积极的解决方案与行动举措。欧盟委员会已通过决定，要求欧盟“地平线2020”增加对海洋能源技术的研发投入，加速欧盟海洋能源技术研发创新公私伙伴关系建设，早日制定出欧盟蓝色能源及产业化发展路线图。

多种新能源的大力开发利用，体现了欧洲能源转型的决心。欧盟委员会于2014年7月发布了未来十五年的节能计划，配合近期制定的五年新能源和气候战略，希望通过推动节能，增加就业，增强经济动力。根据这份最新提议，欧盟成员国到2030年将致力于将能源效率提高30%，这一行动可以减少欧盟对从俄罗斯等国进口天然气以及其他化石能源的依赖。为确保能源安全，欧盟的目标是建立一个“负担得起的、安全的和可持续的”能源联盟。未来五年，欧盟的能源和气候战略将集中在三个方面：①发展企业和民众负担得起的能源，具体工作包括提高能源效率以减少能源需求，建立一体化能源市场，增强欧盟议价能力等；②确保能源安全，加快能源供应和路径的多样化；③发展绿色能源，应对全球变暖。

随着风能、太阳能和海洋能等新能源的大力开发，多样化的能源利用形式可保障欧洲经济的可持续发展，但对电网发展的要求也更严格，需求更复杂。

广泛互联是欧洲输电网的重要发展方向，以风能和太阳能为代表的可再生能源受自然条件的影响，并网发电时输出功率具有随机性和间歇性，大电网互联可以利用不同区域可再生能源发电的互补特性平抑功率波动，减缓其对大电网的冲击，从而提升电网对可再生能源发电的消纳水平。

TYNDP 2014 明确了泛欧大电网互联的经济性与可靠性。欧洲北海沿岸的爱尔兰（岛）地区、波罗的海国家的可再生能源应用发展迅速但离负荷中心较远，德国、西班牙等可再生能源利用强国就地消纳能力有限。TYNDP 2014 计划将北海附近多个区域的可再生能源发电利用交直流电网互联，并通过远距离、大容量输送至欧洲大陆中南部，未来可再生能源的大规模开发利用将进一步促进远距离、大容量输电技术和泛欧互联大电网建设。欧洲电网经过互联改造升级后将减少 30～100TW•h 的可再生能源发电弃用量，占总可再生能源供应电量的 1%左右。按照规划方案，2030 年欧洲电网的平均输送容量将翻倍，其中伊比利亚半岛与欧洲大陆，波罗的海国家与邻近国家，爱尔兰、英国与欧洲大陆之间的输送容量增长显著。同时，增强网架互联的泛欧互联大电网通过协调调度各地区电力，可使电价平均降低 2～5 欧元/（MW•h），显现了良好的大电网互联经济与社会效益。

大电网互联促进了欧洲各国间的能源共享，让具备“新能源大国”和“负荷小国”特点的国家，诸如丹麦，能够利用他国资源为本国的新能源提供储备电源，使北欧风力资源与南欧太阳能资源相互支援。**同时，综合型电网发展受到重视，能源互联网也是欧洲智能电网发展的一个重要方向**。

由德国能源经济部牵头的德国智能电网旗舰科研计划“**未来电网**”于 2014 年 8 月正式启动，联邦政府总计投入 1.57 亿欧元，90 所高校或研究单位联合 90 家企业参与到科研项目当中。“未来电网”项目是德国政府继“能源互联网”项目后推出的下一个大型智能电网科研示范项目。此计划将对三大类智能电网技术项目进行资助。第一类是输配电技术，包括电器部件、智能电网、可持续基建方案，海上风场并网、新型材料等；第二类是电网规划，包括优化算法及方案、欧洲区域输电网仿真、交叉网络、电网扩建分析；第三类是电网运营，包括电网控制技术、电网支持服务、灵活负荷端管理、电网紧急情况分析、分布式智能控制及自动化系统、输配电系统互动研究、电网安全研究。

超导等智能电网相关技术持续推动欧洲智能电网创新发展。随着第二代高温超导材料愈发接近实际应用的现实，欧盟第七研发框架计划提供270万欧元资助，总研发投入470万欧元，由欧盟6个成员国及联系国法国（总协调）、意大利、西班牙、德国、斯洛伐克和瑞士等国的电气设备工业界和科技界组成欧洲ECCOFLOW研发团队。

从2008年7月开始，致力于第二代高温超导材料在电网高压开关的应用研究，已取得实质性的科技成果。研发团队根据电力运营商的严格标准要求，尽可能地降低成本，采用第二代高温超导钇钡铜氧化物复合材料（YBCO，具体化学分子式为$YBa_2Cu_3O_{7-\delta}$），优化设计开发出多层金属材料带状故障电流限制器，其中包括高温超导体YBCO带状夹层。目前，研发团队已得到确认，准备在西班牙地中海的巴利阿里群岛（Balearic Islands）电网和斯洛伐克国家电网，进行为期一年“实战”演练。

除了在高压开关设备上的应用，超导电缆的发展也非常迅速。约1km的世界最长超导电缆于2014年8月被正式整合到德国埃森市中心的电网，将两个变电站连接起来，成为内陆城市在未来能源供应实际测试中的一个里程碑。相对于传统电缆，超导电缆技术效率高、节省空间，输送功率高出5倍，并且几乎没有任何损失。超导电缆能减少城市电网中高压电缆的使用，简化电网结构，并可拆除占用相当多资源和土地的变电站。从中期来看，这将提高效率、精简电网和降低运营与维护成本。

可再生能源发展和智能电网技术让能源的利用形式越来越多样化，分布式发电技术和储能技术让用户对能源的使用有了更多的选择。**在用户侧，集成分布式能源、电动汽车与汽车—电网应用以及聚合（需求响应、虚拟电厂）领域逐渐成熟**。

欧盟联合研究中心于2014年7月发布的《智能电网项目展望2014》报告指出在智能电网项目投资的各目标应用领域中，智能网络管理占到最大份额，约26%（8.5亿欧元）。在研发项目中，集成分布式能源、电动汽车与汽车—电网应用以及聚合（需求响应、虚拟电厂）领域也吸引了多数投资；而在示范部署项目中，由于智能消费者与智能家庭领域已较为成熟，更多的资金投向了示范阶段。对于储能的关注正在上升，2012－2013年启动的主要项目关键主题之一就是利用储能作为增强电网灵活性的额外资源。同时，到2020年欧洲有望部署约2亿块智能电表，惠及72%的欧盟消费者，总投资额预计将达到350亿欧元。

电动汽车发展方面，2014年，德国的宝马、戴姆勒、保时捷、大众汽车公司和德国能源供应公司EnBW、德国合作出版社以及两所德国大学联合推出了名为“SLAM—快速充电桩网络”的重大项目。在此项目框架内，针对大都市与交通要道，至2017年计划建成400个交流与直流快速充电桩，具体指标是半小时内充电量达到蓄电容量的80%，具有欧洲标准连接器CCS的所有车辆都可以使用。“SLAM”项目的意图是以全面覆盖的基础设施来提高电动汽车的吸引力，加速实现德国联邦政府至2020年百万辆电动汽车上路的目标。

1.3 日本

2014年6月日本参院全体会议表决通过了修订后的《电气事业法》。根据这部新法律，日本的电力零售到2016年将全面自由化。除了目前已经实现自由化的企业用电外，由大型电力公司垄断的居民家庭用电市场届时也将开放，消费者可自由选择电力公司。日本家庭用电的市场规模估计约为7.5万亿日元。预计来自石油、通信等其他行业的企业也将进入这一市场，收费和服务将更趋多样化。丧失地区垄断地位的大型电力公司则将突破地域限制加紧争夺客户，跨越行业藩篱的合作和重组可能趋于活跃。

日本经济产业省（Ministry of Economy，Trade and Industry，METI）考虑2016年4月1日起实施电力零售全面自由化，2015年7月开始办理零售企业预备登记。根据有关方案，对于希望变更零售企业的消费者，将从2016年1月起办理预备手续。此外，日本经济产业省还研究实现电力公司间的信息管理系统通用化，让客户可在新签约的电力公司窗口办理旧合同的解约手续，让合同的过渡更为顺利。随着电力零售的全面自由化，电力业务将分为发电、输电与零售三部分。为确保稳定供电，日本经济产业省拟规定供电量达到10MW以上的发电企业才具备准入条件。这是因为维持和运营10MW以上发电设备需要较大的投资，参与的企业需拥有相应的资本能力。10MW相当于约3000户普通家庭的用电量。一旦获批成为发电企业，企业必须提交建设和运用发电站等的相关计划，并加入负责日本全国范围内电力融通的“电力广域运营推进机构”。

在日本零售业务全面自由化改革的背景下，日本智能电网建设引入大量的可再生能源、能源管理、高性能储能等技术，在分布式光伏发电、风能发电的大规模并网、分布式电源储能、微电网、电动汽车等方面开展了大量的实践工作。

在电源侧，光伏发电发展迅速，综合能源利用兴起，将风力发电作为新的绿色能源支柱成为日本智能电网的重要特征。

（1）太阳能发电发展迅速。日本已经着手考虑将太阳能发电从地面转移到太空的战略部署，日本计划建造一个太空太阳能电站。日本宇宙航空研究开发机构（Japan Aerospace Exploration Agency，JAXA）提议，未来25年，利用太空太阳能电站创建一个年发电量10亿W的商业系统。JAXA称，未来，可在东京湾海港建造一个3km长的人造岛屿，并布设50亿个用于将微波能量转换成电能的天线，而微波能量来源于3.6万km高空的巨大太阳能收集器。然后，将电能通过海底电缆发送至东京，保证东京市区供电需求。

（2）将太阳能发电与城市下水道用电相结合，探索创新能源优化利用体系。日本东京都于2014年公布了下水道业务上首个能源基本计划——“智能计划2014”。该计划的目标是，使可再生能源在下水道业务的总能源使用量中占到20%以上的比例。建设方式是利用污水处理设施的空间，建设百万瓦级光伏发电。具体措施是2014—2015年度在森崎污水处理中心和南多摩污水处理中心等6处，2016—2018年在清濑污水处理中心和浅川污水处理中心等安装光伏发电系统，之后会继续在2024年度之前在其他中心安装。

目前，东京都的污水处理设施已利用其上部空间安装了15处光伏发电设备，总输出功率为660kW，每年能生产约2TJ的能源。再加上利用放水落差的小型水力发电、利用污泥处理工序副产物的灭火气体发电、废热回收发电、污泥炭化炉及污水热能等，2013年生产230TJ的可再生能源，约占下水道业务总能源使用量（4620TJ）的5%。

（3）光伏相关技术不断创新。日本利用新技术将太阳能电池板的光电转换率提高到30%左右。目前，市场上的太阳能电池板主要采用硅材料，主要吸收和转换可见光，对阳光中约占1/3、波长较短的近紫外光不起作用，光电转换率约为20%。日本研究团队采用廉价的铝为基础材料，在氧化物半导体基板上高密度配置直径只有头发丝直径千分之一的铝微细颗粒物。实验证明，采用这种铝微细颗粒物结构的太阳能电池板可高效吸收和转换阳光中的近紫外光，能将太阳能电池板的光电转化率提高到30%。2014年6月，日本产业技术综合研究所（National Institute of Advanced Industrail Science and Technology，AIST）宣布可以在Si类和CIGS类太阳能电池上层积Ⅲ-Ⅴ族pn结，以低成本制造高效率的太阳能电池，AIST将该技术命名为“Smart Stack”。“Smart Stack”技术在CIGS类太阳能电池上层叠GaAs和GaInP双结太阳能电池的发电元件，从而获得24.2%的转换效率。

(4) 拓展风力发电，打造绿色能源发电新支柱。2014年3月，日本政府宣布为海上风电引入比陆上风电更高的补贴额，以鼓励海上风电发展，以期能更好地促进国内风电的发展。日本经济产业省成立了专家委员会，着手制定提高海上风电补贴的方案，旨在将风能打造成继太阳能之后的又一大绿色能源支柱。

电网侧，日本更加强调电网运行控制技术的灵活性，以增强电网对可再生能源的消纳能力。日本新能源产业技术综合开发机构（New Energy Industrial Technology Development Organization，NEDO）委托东京电力等7家企业和团体研发应对风力发电随机性问题的相关技术，实施时间为2014年6月到2019年3月。该项目设定情景以2030年前后向电网大量接入可再生能源，进而找出电能质量、电网运营等方面的技术性课题及解决措施。具体来说，将针对会对电力供需管理带来影响的风力发电随机性问题研发预测及控制技术，并确立采用这些技术的供需管理基本方法。该项目中，东京电力将以扩大东日本地区的可再生能源发电并网为目标，开发一套供需模拟系统。该系统由基于气象状况等的可再生能源的预测系统、包括风力发电设备在内的输出变动的控制系统、基于储能等技术的供需管理系统三部分组成。

此外，将在岛屿地区电力系统实施研发技术的相关验证。

用户侧，日本从电动汽车补贴、充电设施建设、电动汽车电池耐热技术、储能技术、面向用户的独立电源系统等方面继续着力用户与电网的互动程度。

（1）日本国内燃料电池车行业提供新的补助，燃料电池车将成为未来市场主流。日本首相安倍晋三于2014年6月推出“第三支箭”刺激方案，作为新经济增长方案中的一部分，将对日本国内燃料电池车行业提供新的补助，为燃料电池车购买者提供补贴及减税优惠，放宽燃料充电站的限制，并计划2015－2016年将日本国内氢燃料充电站数量由当前的17座扩充至100座。这是日本政府首次制定燃料电池车相关产业的发展时间表，日本政府希望在2025年前将燃料电池车的售价降至2万美元左右。随后，丰田公司宣布2015年4月前在日本推出氢燃料电池车，续航里程可达500～700km，价格约700万日元，并在欧美地区上市。本田公司也计划于2015年推出燃料电池车。

（2）完善电动汽车充电设施建设等配套服务。2014年5月，由丰田、日产、本田、三菱4家汽车制造商以及日本政策投资银行联合投资的“日本充电服务公司”正式成立。电动汽车和混合动力汽车在日本的市场占有率约为2%，该公司的主要目的是完善汽车充电设施等配套服务，以提升电动汽车在日本国内的发展。日本充电服务公司为各地商业设施新建电动汽车充电器提供资金，并承担8年的检修维护费用。该公司将开展会员服务，实现用户在不同的充电业务提供商之间的便捷充电，并建立一套手机应用系统，方便用户及时了解有空位的充电站点的信息。

（3）储能技术的研制取得新进展。福岛核事故后，日本颁布了电气修改法，提高配电部门的独立性，并把储能技术开发作为实现日本下一步电力系统改革中的一个重要组成部分。

从技术上看，在保障电池安全性的前提下，降低电池成本以及提高电池使用寿命一直是储能领域的两大课题。为此，日本开展了许多实证项目，进行可行性研究，包括风电项目、车载电池、固定式储能电池、电池材料技术评价等，涉及的储能技术有锂电池、镍氢电池和钒电池等，期望到2020年，电池系统成本能够降到7万日元/kW、2万日元/（kW·h），使用寿命达20年，效率在80%左右。

（4）日本GREENPACKS等公司开发采用碳纳米蓄电池技术的独立电源系统。2014年6月，“2014日本智能社区展”中组合使用风力发电、光伏发电和蓄电池的独立电源系统。该独立电源系统面向住宅楼、公共设施和工厂设施有三套产品方案。每个方案不但提供根据设施和用途进行了优化的独立电源系统，还包含运行管理和售电业务等在内的多种技术支持。该独立电源系统的电池采用了碳纳米材料，通过在磷酸铁类电极材料中混合特殊的碳纳米，实现了小型化和大容量化。与铅蓄电池和锂离子电池相比，碳纳米电池具有发热少、充电快、寿命长等优点，但是其成本比其他电池高。因此，该电池适用于家庭和住宅楼的室内，以及电动摩托车和电动工具等要求安全性的地方。

1.4 其他国家

随着智能电网技术的快速发展，拉丁美洲、南亚、东南亚、北非地区的新兴经济体国家开始陆续部署和开展智能电网建设工作。墨西哥重视太阳能和风能等新能源的开发与利用，并制定了具体的远期发展规划。菲律宾电网注重电网基础设施的升级改造和标准化建设。印度注重可再生能源的开发利用，同时致力于改善电力网络基础设施，从欧洲引进可再生能源发电技术和并网运行技术经验。北非地区的埃及和沙特阿拉伯通过线路互联，实现电能互济。

墨西哥重视太阳能、风能等新能源的开发与利用，并制定了具体的远期发展规划。发展包括太阳能在内的多种能源成为墨西哥能源发展计划的目标之一。墨西哥 2013 年 12 月开始实施的能源改革将推动生产更多清洁、廉价的能源，帮助墨西哥成长为一个更具竞争力的国家。墨西哥能源部公布 2026 年能源战略规划，规划中除了大力发展太阳能外，还体现了墨西哥对核能和风能的重视。预计到 2026 年，核能和风能共同发电比例将占到墨西哥所有能源发电的 23%。

2014 年 4 月，拉丁美洲最大的大型太阳能光伏发电站“Aura Solar I”正式投入运营，其位于墨西哥南下加利福尼亚州。Aura Solar I 光伏发电厂发电容量达到 39MW，耗资 1 亿美元，占地面积达到 100hm^2，运营寿命约为 30 年。Aura Solar I 光伏发电厂共安装了 13.2 万片太阳能电池板，每年理论上可减少 6 万 t 温室气体的排放，同时将满足 16.4 万居民的用电需求，也就是拉帕斯市（La Paz City）64%的人口。统计数据显示，墨西哥 1.5 亿美元的太阳能市场规模中，太阳能热水器约占 1.3 亿美元，用于发电的光伏组件仅占 2000 万美元。随着墨西哥发展新式光伏系统及建立大型电网，该国在太阳能领域将会有长足发展。

菲律宾电网注重电网基础设施的升级改造和标准化建设。菲律宾国家电网公司计划将菲律宾的电力基础设施升级为智能电网，包括现有系统的现代化改造和扩展，中国国家电网公司将提供坚实的技术支持，中国国家电网公司在安蒂波洛市（Antipolo City）的价值 31.7 亿菲律宾比索的超高压变电站项目，拉开了菲律宾智能电网的建设大幕，并将很快投入运营。菲律宾政府希望借此试点项目更好地整合菲律宾的现有电网系统。此外，中国国家电网公司已经帮助菲律宾完善相关输电标准，从而使菲律宾国家电网的输电系统性能、电网运营效率得以提升。

印度注重可再生能源的开发利用，并致力于改善电力网络基础设施。2014年，印度国家电网公司开始在拉贾斯坦邦和泰米尔纳德邦启动相关可再生能源电网招标工作，这意味着获得德国复兴信贷银行参与融资的80亿美元的印度电网项目正式启动，其目标是促进国内可再生能源发展，实现2022年可再生能源发电量翻一番，提高至72GW。根据融资贷款协议，德国复兴信贷银行初期将为该印度电网项目提供价值2.5亿欧元贷款。德国复兴信贷银行表示，将根据实际情况提高融资贷款额度，最高可以达到10亿欧元。鉴于国内电力短缺的实际情况，印度政府表示，将尽举国之力改善供电能力和供电网络，实现印度每户家庭的不间断供电。

欧洲新能源技术的发达国家德国在风电场和太阳能发电站方面具有丰富的运行经验，印度政府期望通过此次贷款合作能有效地促进印度国内可再生能源的发展。

1.5　国际合作

2014年，国际合作主要表现在标准颁布、跨国投资、工程建设三个方面。

标准化组织（Institute of Electrical and Electronics Engineers Standards Association，IEEE SA）启动了两个新的项目，以研究未来相量数据集中器（phasor data concentrator，PDC）的标准化工作，包括IEEE PC37.247™《电力系统相量数据集中器标准》和IEEE PC37.248™《智能电子设备命名通用格式指导》。这两个项目均计划制定出能够提升智能电网故障管理能力的标准。

(1) IEEE PC37.247™《电力系统相量数据集中器标准》的目的

是通过制定PDC标准，提升一切使用同步相量或其他同步数据的装置、系统及相关应用的互操作能力。该标准规范的PDC参数主要集中在以下几个方面：①数据收集；②同步相量或其他同步数据的处理；③与其他系统的数据接口；④命令、配置或其他元数据的处理；⑤评价，包括延迟、环境、吞吐量；⑥测试。

（2）IEEE PC37.248™《智能电子设备命名通用格式指导》的目的是提供一种为实体或虚拟的智能电子设备命名的惯例方法，从而使得其他自动化系统和不熟悉特定电气系统的工作人员能够知晓这些智能电子设备正在监视或分析的设备。

目前，电力公司在建设智能电网时所遵循的窄频通信技术分为两大阵营，分别是PRIME联盟与G3－PLC联盟。前者因推出时间较早，因此在智能电表的安装量上已占有优势，据PRIME联盟官方统计，其全球装置数量已超过400万，包括英国、波兰、葡萄牙等国家智能电网/电表均采用该标准。不过，在多家半导体晶片商与电力公司的齐心推动下，G3－PLC标准已获美国、德国、法国等国家的智能电网大规模导入。目前，G3－PLC联盟已有超过44家厂商，包括Landis＋Gyr、Maxim、瑞萨电子（Renesas Electronics）、得州仪器（Texas Instruments，TI）等。尽管PRIME阵营目前仍拥有高市场渗透率的优势，不过由于G3－PLC技术在大范围的智能电网数据传输表现上较为理想且可靠，因此越来越多的电力公司可能倾向于采用G3－PLC标准作为未来大规模部署智能电网的窄频通信方案。

投资方面，智能电网已成为资本输出的重要工具。2014年，美国的“电力非洲”计划力度持续加强，引人关注。美国总统奥巴马在美非首脑峰会上宣布，美国公司将在非洲能源、基础设施建设等领域投资140亿美元。此次峰会邀请到了超过40个非洲国家首脑参会，奥巴马希望通过举行此次峰会，加强美非联系。“电力非洲”项目已获得120多亿美元的资金。美国还将额外提供70亿美元的资金支持“与非洲进行贸易合作”的项目，加上此前以万豪集团与通用电气公司为首的美国企业投资的140亿美元，美计划在非投资总额更新至330亿美元。

另外，世界银行投资5.19亿美元用于摩洛哥瓦尔扎扎特（Quarzazate）太阳能发电园区光热发电项目开发，支持其第二和第三期的太阳能项目开发。Quarzazate太阳能发电园区总装机容量为500MW，包括三个太阳能热发电项目共计460MW以及40MW的光伏装机。一期160MW槽式光热发电项目目前正在建设当中，该项目于2011年获得过世界银行的支持。二期和三期项目分别为一个200MW的槽式带储热电站和一个100MW的塔式带储热电站，所需的5.19亿美元资金包括来自世界银行的4亿美元和世界银行管理的清洁技术基金（Clean Technology Fund，CTF）支持的1.19亿美元。摩洛哥媒体认为，Quarzazate太阳能项目将为本国实现年减少碳排放70万t的目标做出重大贡献，并且会附带带来能源安全、工作就业等方面的效益。

2014年6月，美洲开发银行批准7800万美元贷款授予多米尼加，为其现代化配电网和减少电力浪费的计划提供资金支持。多米尼加的配电运营不佳，2013年底其电力浪费平均达33%，远高于国际效率标准，对配电公司可持续性产生严重负面影响。该笔投资期望通过减少配电系统的电力浪费促进电力行业的财政可持续性，改善配电公司的运营和市场服务，从而为终端用户提高供电质量。

工程建设方面，美国能源部批准了330英里加拿大—纽约输电线路最终环境影响评估报告。加拿大—纽约输电线路将从尚普兰湖和哈德逊河下方经过，沿魁北克到皇后区的铁路路径敷设，项目预计历时4年，创造约300个工作，成本约为20亿美元。加拿大—纽约输电线路项目旨在节约2%～3%的纽约市能源费用。

在欧洲，2014年5月，由西班牙和法国两国合作建设的电网互联项目进入试验阶段。该项目是目前世界最大的采用交联聚乙烯绝缘电缆的电压源换流器高压直流输电工程，电压等级±320kV，输送容量达到1GW，建成后将有效提高两国电力供应的安全和效率。图1-2与图1-3为项目中的拜克萨变电站和电缆隧道实景图。

图1-2 法国拜克萨变电站

图1-3 工程电缆隧道

挪威政府计划与德国政府合作投资20亿欧元建设一条长623km的北海电缆，北起挪威南部的通斯塔德，南接德国北部的维尔斯特。建成后，将成为连接挪威与德国两国的首条海底电缆，输送能力达1.4GW，建成时间是2018年。在该项目中，挪威国有企业国家电网公司将占50%的股份，德国国有企业德国复兴信贷银行和荷兰的一家电网公司TenneT将平分剩余份额。

根据德国政府的能源转型计划，德国2022年将彻底关闭核电站，2050年可再生能源占总发电量的比重将超过80%。德国方面期望在2022年时，由风力和太阳能等可再生能源可以替代核反应堆提供的电力，但是德国北部风电发电输出并不稳定。该海底电缆建成后，可以把德国富余风电输往挪威，与挪威的水电站形成抽水蓄能系统，并在需要时把电力回送德国，从而极大程度地保证了电力的可靠供应。

在中东地区，2014年8月，埃及电力传输公司（Egyptian Electricity Transmission Company，EETC）启动埃及—沙特阿拉伯电力互联项目招标。该项目设计容量最高达3000MW，投资额16亿美元，主要是修建一条输电线路，以便两国在用电高峰期间可以相互输电。该输电线路建成后，可以实现埃及和沙特阿拉伯两国的电力贸易，尤其是在冬季的时候，允许沙特阿拉伯向埃及出口剩余电力。另外，对于从沙特阿拉伯进口的电力，可以享受特别关税。根据融资协议，埃及将投资6亿美元，而沙特阿拉伯则投入10亿美元用于扩建一条现有的输电线路使其延长至埃及边境。

2

2014年中国智能电网发展情况

2.1 战略优化与规划部署

十八大以来，我国重视能源战略规划的编制实施，推动能源生产和消费革命，打造中国能源“升级版”。2014年4月，国务院总理李克强主持召开新一届国家能源委员会首次会议，研究讨论了能源发展中的相关战略问题和重大项目。2014年6月，习近平总书记主持召开中央财经领导小组第六次会议，听取国家能源局关于我国能源安全战略的汇报，并发表推进未来能源发展“四个革命、一个合作”的重要讲话，成为指导我国能源发展的“国策”。2014年11月，国务院发布《能源发展战略行动计划（2014－2020年）》（以下简称《行动计划》），成为我国能源战略与规划的纲领性文件。其中涉及能源安全、绿色低碳、体制改革等重要内容。

(1)“四个革命、一个合作”的能源发展策略。“四个革命、一个合作”指“推动能源消费革命，抑制不合理能源消费；推动能源供给革命，建立多元供应体系；推动能源技术革命，带动产业升级；推动能源体制革命，打通能源发展快车道；全方位加强国际合作，实现开放条件下能源安全”。其是《行动计划》的基本依据，也是《行动计划》对能源发展策略的具体细化与落实。

(2) 突出“节约优先是能源发展的永恒主题”，对能源消费总量设置“天花板”。《行动计划》把“节约优先战略”列四大能源发展战略之首；把“节约”作为未来能源发展的第一个战略方针。另外，还设置了能源消费总量“天花板”，即“到2020年，一次能源消费总量控制在48亿t标准煤左右，煤炭消费总量控制在42亿t左右”“煤炭消费比重控制在62%以内”。

我国能源生产、消费不仅能耗水平高，而且“对生态环境造成严重损害”，雾霾天气频繁出现、大范围蔓延。据统计，我国能源消费占全球总量的21.5%，创造了全球GDP的12.3%；单位GDP能耗为世界平均水平的1.9倍、美国的2.5倍、日本的4.1倍。按照2013年我国一次能源消费总量37.5亿t标准煤、煤炭消费总量36.5亿t测算，要实现到2020年的控制目标，2014—2020年两者年均增幅必须分别控制在3.59%、1.92%以下。《行动计划》提出了两条控制能源消费总量的途径：一是采取“一挂双控”措施，即将能源消费与经济增长挂钩，对高耗能产业和产能过剩行业实行能源消费总量控制强约束；二是实施系统节能，即“技术节能、管理节能、结构节能”并重，当前通过重视调整和优化经济结构来节能，推进重点领域和关键环节节能。

（3）始终坚持能源供应“立足国内”，作为保障我国能源安全的“战略基石”，同时，加强“国际合作”。《行动计划》强调要坚持“立足国内”，将国内供应作为保障能源安全的“主渠道”。这是基于能源安全国际环境和我国国情做出的判断。近八年来，我国能源对外依存度加大，已成为煤炭、石油、天然气和铀资源的净进口国。石油对外依存度接近60%，天然气对外依存度超过30%，能源安全问题日趋突出。

为此，《行动计划》要求“到2020年，基本形成比较完善的能源安全保障体系。国内一次能源生产总量达到42亿t标准煤，能源自给能力保持在85%左右，石油储采比提高到14～15，能源储备应急体系基本建成”。

(4) 着力实施“绿色低碳”发展战略，作为我国积极应对气候变化的“必然选择”。《行动计划》着力优化能源结构，把发展清洁低碳能源作为调整能源结构的“主攻方向”。《行动计划》提出了针对性更强、标准更严苛、目标更具体的措施：

1）降低煤炭消费比重。削减京津冀鲁、长三角和珠三角等区域煤炭消费总量，控制工业分散燃煤小锅炉、工业窑炉和煤炭散烧等用煤领域。“到2017年，基本完成重点地区燃煤锅炉、工业窑炉等天然气替代改造任务”“到2020年，京津冀鲁四省市煤炭消费比2012年净削减1亿t，长三角和珠三角地区煤炭消费总量负增长”。

2）提高天然气消费比重。实施气化城市民生工程，到2020年实现城镇居民基本用上天然气；扩大天然气进口规模；稳步发展天然气交通运输；适度发展天然气发电；加快天然气管网和储气设施建设，到2020年天然气主干管道里程达到12万km以上。

3）安全发展核电。适时在东部沿海地区启动新的核电项目建设，研究论证内陆核电建设。到2020年，核电装机容量达到58GW，在建容量达到30GW以上。

4）大力发展可再生能源。积极开发水电，到2020年力争常规水电装机容量达到3.5亿kW左右；大力发展风电，到2020年风电装机容量达到2亿kW；加快发展太阳能发电，到2020年光伏装机容量达到1亿kW左右；积极发展地热能、生物质能和海洋能，到2020年地热能利用规模达到5000万t标准煤。

(5) 以“创新驱动”为“强大动力”，实现我国由能源大国向能源强国的转变。《行动计划》提出要充分发挥“创新驱动”的关键作用，通过能源“体制创新”激发能源市场活力，通过“科技创新”提高能源产业竞争力，实现由能源大国向能源强国的转变。

推进能源科技创新的具体措施包括：①明确能源科技创新战略方向和重点，提出了非常规油气及深海油气勘探开发、煤炭清洁高效利用、分布式能源等9个重点创新领域和页岩气、煤层气、大容量储能等20个重点创新方向，开展相应的页岩气、煤层气、深水油气开发等重大示范工程建设；②抓好重大科技专项；③依托重大工程带动自主创新；④加快能源科技创新体系建设。

(6) 深化能源体制改革，消除体制机制障碍，激发市场活力。《行动计划》明确了深化能源体制改革的5个方面：①完善现代能源市场体系，分离自然垄断和竞争性业务，放开竞争性领域和环节。推动能源投资主体多元化，鼓励和引导各类市场主体平等进入负面清单以外的领域。②推进能源价格改革，推进石油、天然气、电力等领域价格改革。③深化重点领域和关键环节改革，重点推进电网、油气管网建设运营体制改革。④健全能源法律法规。⑤进一步转变政府职能，健全能源监管体系。加强能源发展战略、规划、政策、标准等制定和实施，继续取消和下放行政审批事项。

2.2　相关政策与法规

2014年以来，中央以及各级政府高度重视以电动汽车和储能等行业的发展，从推动能源生产与消费革命的高度，出台了一系列支持政策与保障措施。

(一) 电动汽车相关政策

2014年7月，国务院办公厅发布了《国务院办公厅关于加快新能源汽车推广应用的指导意见》（简称《意见》）。以此为引领总纲，部委根据分工陆续出台了各领域具体实施办法。这一轮政策体系总体呈现出“一高、两强、四明确”的特点。

(1) “一高”是指政策级别明显提高。

与过去几年新能源汽车相关政策由财政部、科技部、发展改革委、工信部四部委联合发文不同，此次新能源汽车系列政策是由马凯副总理亲自部署，并由国务院办公厅发布纲领性文件，政策级别明显提高。2014年以来，包括习近平、李克强、张高丽等在内的诸多党和国家领导人都曾在不同场合表示了对新能源汽车产业的支持态度，马凯副总理曾先后两次开展调研，并召开座谈会并做出工作部署，这些都表明发展新能源汽车已成为国家意志。

（2）“两强”是指政策针对性和引领性强。

首先，本轮政策对前期暴露的突出性问题做出了针对性回应。例如，对于前期推广过程中广受诟病的“地方保护主义”，《意见》要求全国采用统一的新能源汽车和充电设施的标准与目录；对于广大用户“充电难”的问题，《意见》重点提出加快充电设施建设，并制定了包括明确充换电站用地方式、充电价格管理办法等在内的一系列配套保障措施。

其次，本轮政策以《意见》为纲领，将引领后续更多具体扶持政策出台。《意见》作为纲领性文件，对于新能源汽车市场准入、运营模式、财政补贴、税收优惠等行业发展的各个方面均给出了指导性意见，并明确要求有关方面抓紧研究并在2014年底前出台相关政策。目前，配合《意见》，国务院机关事务管理局、发展改革委等部委已出台《政府机关及公共机构购买新能源汽车实施方案》《关于电动汽车用电价格政策有关问题的通知》两份配套政策，其余诸如免除新能源汽车购置税实施办法、电动汽车充电设施发展规划、新能源汽车推广应用全国统一目录等配套政策正在紧锣密鼓制订当中。

（3）“四明确”是指责任主体、发展指标、激励措施、充电设施发展模式得到进一步明确。

一是地方政府承担新能源汽车推广的主体责任进一步得到明确。

《意见》明确要求各示范城市制定具体实施方案和计划，并提出要加强指标考核，建立以实际运营车辆和便利使用环境为主要指标的考核体系，明确工作要求和时间进度，确保按时保质完成各项目标任务。

二是明确提出了政府机关及公共机构购买新能源汽车比例等重要发展指标。在与《意见》配套出台的《政府机关及公共机构购买新能源汽车实施方案》中明确规定中央政府以及示范城市地方政府和公共机构购买新能源汽车占比不低于30%，其他地区占比10%～30%，以后逐年提高。仅此一项，每年新增的新能源公务车预计将达到4万辆以上，相当于截至2013年底全国新能源汽车的总数。

三是明确提出了免除购置税、给予充电设施优惠电价等激励措施。《意见》首次明确了2017年底之前对新能源汽车免征车辆购置税的措施。与《意见》配套出台的《关于电动汽车用电价格政策有关问题的通知》，则明确提出对经营性集中式充换电设施用电实行价格优惠，执行大工业电价，并且2020年前免收基本电费；提出在2020年前，各地要通过财政补贴、无偿划拨充换电设施建设场所等方式，积极降低运营成本，合理制定充换电服务费。

四是首次明确提出了“一主体、一辅助、一补充”充电设施体系。《意见》首次将我国充电设施网络描述为专有停车位充电为主体、公共停车位充电为辅助、城市充换电站为补充的结构。

（二）抽水蓄能相关政策

2014年11月，国家发展改革委发布了《国家发展改革委关于促进抽水蓄能电站健康有序发展有关问题的意见》。文件显示根据电力发展需要和抽水蓄能产业发展要求，今后十年抽水蓄能电站发展的主要目标是：电站建设步伐适度加快。文件认为，抽水蓄能电站作为运行灵活、反应快速等多种功能的特殊电源，是目前最具经济性的大规模储能设施；大力发展抽水蓄能电站，有利于保障电力系统安全稳定经济运行，适应新能源发展需要。

文件重点指出，受认识差异和体制机制等影响，中国的抽水蓄能电站在前期的规划和建设等诸多方面并不完善，从而影响了中国抽水蓄能电站的建设进程和健康发展。未来，抽水蓄能电站将打破以电网经营企业全资建设和管理为主的模式，逐步建立引入社会资本的多元市场化投资体制机制。

2.3 标准制定

2014年，随着智能电网在国家战略定位中的提升，智能电网的标准化工作得到了国家标准化委员会、国家能源局、国家发展改革委等有关部委的高度重视，中国电力企业联合会积极推进相关标准的制定与协调工作，我国在国际标准化、标准体系建设、综合标准化、标准组织机构建设等方面都取得了积极进展。

2.3.1 国际标准化工作

2014年，在国家电网公司努力下，我国在微电网、大容量可再生能源并网技术、电动汽车及充电设施标准化等方面的国际化发展上取得了显著成绩。

2014年2月，国际电工委员会成立了由我国牵头组织的微电网特别工作组（ahG53），特别工作组与有关国家一起开展了微电网国际标准化工作方案的讨论，形成了微电网标准化工作方案。在2014年11月召开的IEC大会上，同意将ahG53转为微电网系统评估组（IEC/SEG6），由中国担任秘书国。

2014年7月，由中国担任秘书国的大容量可再生能源并网技术分委员会（IEC/TC8/SC8A）在北京召开成立大会，会议通过了由中国主导编制的技术委员会战略书，确定了技术委员会工作范围以及下一步重点工作。

2014年11月，在国家质监局与台湾相关单位召开的《海峡两岸标准计量检验认证合作协议》联席会议上，双方同意将智能电网纳入两岸标准合作内容，成立智能电网标准工作组，推动海峡两岸智能电网标准与技术的交流和合作。双方共通商定将电力需求侧管理和配电网自动化作为海峡两岸标准化工作合作的重点。

电动汽车及充电设施标准化是国际标准化工作的重要领域，国际标准化组织、国外有关协会、跨国企业都高度关注我国国家标准和行业标准的编制动态，我国充电设施标准化工作从一开始就与相关国际标准化工作紧密联系，积极开展各种形式的国际交流。我国先后与戴姆勒、大众、西门子公司，日本、韩国等国家就电动汽车充电接口、通信协议、电动汽车与智能电网等话题进行广泛的技术交流和标准讨论。选派中方专家积极参与国际标准化活动，直接参与相关国际标准的制定修订工作。目前，在与电动汽车充电设施相关的IEC和ISO组织中都有中国专家参与，中国成为其中重要的一方。

在开展国际交流的同时，积极将我国的技术和标准上升为国际标准。向IEC先后提交《电动汽车换电系统》《电动汽车充电站 监控系统》等共7项国际标准提案。其中，目前《电动汽车换电系统》第1部分、第2部分由中方牵头编写。根据中国标准，将我国的直流接口、控制导引电路和直流通信协议标准纳入IEC 62196-3、IEC 61851-23、IEC 61851-24标准中，中国直流充电接口标准已经同美国、德国、日本标准并列成为国际标准。

2.3.2 国家标准和行业标准

2014年，我国智能电网国家标准与行业标准制定的进展主要体现在以下几个方面：

（1）智能电网标准化工作纳入国家规划。

为落实国家标准化委员会、国家发展改革委、科技部等10部委印发的《战略性新兴产业标准化发展规划》，国家标准委、国家发展改革委、国家能源局等 12 个部门于 2014 年 5 月联合发布了《2014 年战略性新兴产业标准综合体指导目录》。槽式太阳能热发电热力系统标准综合体、智能电网并网标准综合体、光伏发电站运行维护标准综合体、电动汽车充换电设施标准综合体等与智能电网相关内容纳入国家指导目录。

（2）风电并网标准化工作有序推进。

国家能源局牵头组建了能源行业风电标准化技术委员会，委托中国电力企业联合会作为风电标准委秘书处技术支撑单位。秘书处开展了风电标准体系修订工作，新批准的风电标准体系是在 2012 年版本基础上，增补了分布式风电、离网风电以及海上风电等新领域的标准需求，形成了包括风电场规划设计、风电场施工安装、风电场运行维护、风电场并网管理、风电机械设备、风电电气设备、风能资源测量评价和预报 7 个专业分支共 378 项标准。

其中，风电场并网管理专业分支包括风电并网技术要求、风电并网检测评价、风电并网运行调度共 25 项标准，新增了《风电机组高电压穿越能力测试规程》《风电场调度运行信息交换规范》等标准。风电场并网管理专业分支已经批准发布 6 项标准，在编 12 项标准，计划 2016 年全部完成标准体系建设。

（3）智能电网综合标准化试点工作进展顺利。

根据我国《智能电网综合标准化试点工作方案》安排，2014 年全国电力系统管理及其信息交换等标委会、江苏省电力公司等 12 家试点单位开展了智能调度等专业领域标准体系建设，确定了标准综合体初步方案。目前已经形成了包括 137 项标准在内的智能变电站标准综合体、33 项标准在内的智能电网调度控制系统标准综合体、81 项标准在内的电动汽车充换电设施标准综合体以及 25 项标准在内的风电并网管理标准综合体。

在国家标准委批准的2014年战略性新兴产业国家标准计划项目中，智能电网综合标准化试点项目共包括31项标准计划。

(4) 健全智能电网标准化技术组织机构建设。

2014年，全国智能电网用户接口标准化技术委员会和全国电力储能标准化技术委员会相继召开成立大会，标志着新的标委会正式运转。新申请的全国电力需求侧管理标委会通过了专家答辩。全国微电网及分布式能源并网标委会也完成了标委会公示阶段的意见反馈工作。

(5) 智慧城市及智慧能源标准取得进展。

国家标准化委员会国家智慧城市标准化小组对智能电网如何支持智慧城市的标准化工作开展了相关研究。在智慧城市体系下的智能电网将主要涉及配电自动化、分布式电源及微电网并网、分布式储能系统接入配电网、双向互动服务、用电信息采集、智能用能服务、智能用电检测、电动汽车充放电、节能与能效、通信网络、信息化应用和信息安全等专业领域。其建设内容主要包括供电基础设施智能化、提供公共服务便捷化、电网与用户互动化、能源利用绿色化。另外，智慧城市下智能电网标准工作组也在计划当中，主要是研究提出智慧城市下智能电网标准的定位、作用和协调工作。

根据国家标准化委员会的批复，中国电力企业联合会将作为国际电工委员会智慧能源系统委员会国内第一技术归口单位，代表中国参与相关国际标准化工作。

(6) 充电基础设施标准体系加快完善。

一是充电设施标准体系基本建立。随着电动汽车充换电设施建设的不断加快，充换电服务网络的不断完善和充电设施的标准制定，电动汽车充电设施标准体系框架基本建立，形成了包括基础、接口、充换电设备、充换电网络运行、充换电站规划建设五个部分，约 80 项标准的标准体系。

二是充电设施标准制定工作步伐不断加快。标准的缺失是制约电动汽车产业发展和充电设施建设的重要因素，电动汽车及充电设施标准一直是政府、企业和社会各界高度关注的领域。根据标准体系框架，按照标准化工作的急需先后顺序，加快标准制定步伐。经过近 5 年的努力，截至 2015 年 2 月，与电动汽车充电设施相关的国家标准和行业标准计划项目共 51 项，其中，已经获得政府批准发布的有 21 项；已完成标准编制，通过技术审查的有 21 项；还有 10 项正在进行。

三是关键标准制定修订工作取得重要进展。重点围绕充换电设施建设关键标准开展工作，推动了充换电设施接口及通信协议、充换电站建设、充电设施检验等领域的标准化工作，目前这些领域的标准化工作取得了积极进展，对电动汽车充电设施规范建设起到积极的技术支撑作用。

1）制定完成充电接口及通信协议标准。充电接口及通信协议是电动汽车充电过程中连接电动汽车和供电设备的最重要部件，充电接口及通信协议标准受到国际的广泛关注。2014 年，启动了充电接口及通信协议标准修订工作，《电动汽车传导充电用连接装置》系列标准、《电动汽车非车载传导式充电机与电池管理系统之间的通信协议》《电动车辆传导充电系统　一般要求》等关键标准已经进入公开征求意见阶段。

2）加快充换电站服务网络标准建设。相继启动了《电动汽车充换电服务网络运营管理系统通信规约》系列标准、《电动汽车智能充换电服务网络运营管理系统技术规范》《电动汽车充换电设施运行管理规范》等充换电服务网络标准制定工作，通过充电设施服务网络标准，使充电设施形成网络，提高了充电的便捷性。

3）建立换电标准体系。电池更换是一种便捷的充电技术，相继启动了电池更换站通用技术要求、电动汽车电池更换用电池箱电联接器通用技术要求、电动汽车快速更换电池箱通用要求、电动汽车快换电池箱通信协议等换电关键技术标准编制，逐步建立了换电标准体系。

2.3.3　电网企业标准

2014年，国家电网公司继续加强智能电网的标准化工作。国家电网公司组建了首批6个技术标准专业工作组，分别涉及智能电网不同应用领域，发布“五大”技术标准体系表，建立资产全寿命周期管理技术标准体系。

截至2014年底，国家电网公司特高压、智能电网相关标准累计达到277项和620项，并主导制定修订了143项国家标准和行业标准，推动成立了全国电力储能、智能电网用户接口2个标委会，推动成立的能源行业电力安全工器具等4个标委会完成公示。主导制定的国际电工委员会（International Electrotechnical Commission，IEC）《高压直流输电线路电磁环境特性》等4项特高压交直流国际标准正式颁布。国家电网公司也获了国际电子和电气工程师协会（Institute of Electrical and Electronics Engineers，IEEE）2014年度“企业卓越贡献奖”。

2.4　关键技术与设备

我国智能电网关键技术涉及发电、输电、变电、配电、用电、调度、通信信息等7个专业，每个专业包括若干技术领域，共28个技术领域，137项关键设备。通过针对已有、在研和待研的三类关键设备，采取不同的指导方针制定研制计划，在大电网控制技术、特高压技术等方面已经实现了从“技术跟随”到“技术赶超”，从“技术赶超”到“技术引领”的跨越。

(1) 大电网控制技术方面，首次研究完成了世界上规模最大的分层分级交直流紧急协调控制系统，开展了安控系统联调试验验证，解决了大容量直流闭锁故障对交流通道输电能力的约束问题。

(2) 特高压交流输电技术方面，建立了国际上首个特高压交流套管全工况试验研究平台，可对全套气体绝缘设备（gas insulated switchgear，GIS）及多支特高压变压器套管同时开展全电压、全电流联合试验。研制了世界首套具有同轴电极结构的1000kV气体绝缘的罐式电容式电压互感器，解决了大尺寸电极同心度加工问题，样机通过了型式试验和长期带电考核。

该平台是国际上首个具备开展特高压交流套管全电压和全电流复合试验、模拟特高压套管过电压水平、多参数全天候监测功能的特高压套管全工况试验研究平台。该平台可对2支特高压交流油—空气套管、2支特高压交流油—SF_6套管同时进行额定电压和额定电流联合作用下的长期带电考核试验，并具备同时对GIS套管、罐式电容式电压互感器（capacitor voltage transformer，CVT）、GIS互感器、盆式绝缘子和特高压气体绝缘金属封闭输电管道（gas insulated metal enclosed transmission line，GIL）等设备进行长期带电试验的功能。该平台额定电压1100kV，额定电流8000A，升流系统额定容量3040kV·A，回路阻抗23.2mΩ，能模拟特高压套管的操作过电压、雷电过电压和VFTO等各种过电压水平，能对平台系统各参数进行全天候实时监测。特高压交流套管全工况试验研究平台的建成投运，为开展特高压套管性能考核和可靠性研究提供了全新手段，也为其他特高压交流设备开展长期带电试验研究创造了条件，为推动国产特高压交流套管的工程应用提供了技术支撑，对提高特高压交流套管的长期运行可靠性具有重要意义。

(3) 特高压直流输电技术方面，研制了±800kV（6kV/1.5kA）换流变压器油浸真空式有载分接开关，填补了国内空白。自主研制的±800kV换流变压器样机成功投入运行，首次实现了高端换流变压器国产化。完成哈密—郑州特高压直流工程换流阀改造，实现了自主技术对国外技术的更新替代。首次研制成功了1250mm²大截面系列导线及配套金具、施工机具，研究成果已在灵州—绍兴±800kV特高压直流输电工程中得到应用。

依托±1000kV级工程样机研制需求，自主研制了一台±1000kV工程4+4+2方案中的中端±800kV换流变样机。在缩比模型试验方面，项目实际研制了一台±400kV级1∶1换流变压器阀侧出线模型，并在国内外首次进行了工程1∶1产品的裕度击穿试验；在中端±800kV换流变压器样机研制方面，实际研制了一台±800kV工程高端换流变压器样机，并于2014年7月成功投运，运行至今状态良好。1250mm²大截面导线研制及工程应用研究涉及1250mm²大截面导线研制、配套金具研制、张力架线施工机具研究、施工技术研究及防振技术研究5个方面的研究内容。该导线是国家电网公司在特高压工程中首次采用的新型导线，在世界上首次应用于±800kV特高压直流线路工程。该种导线具有铝股层数多、铝钢比大、铝线拉力占导线计算拉断力的百分比高等特点。该导线应用于电力输送中，可大幅度地提高电力线路的输送功率，降低线路损耗、输电线路的表面场强、无线电干扰、可听噪声和工程本体造价。由于应用了1250mm²的大截面导线，灵州—绍兴特高压工程每1000km的输电损耗仅为2.79%，是目前世界上单位输电距离损耗最低的直流工程。

(4) 柔性直流输电技术方面，我国柔性直流示范工程虽然起步晚，但起点高。厦门柔性直流输电工程是世界上首个采用真双极接线的柔性直流输电工程，电压和容量均达到国际之最的柔性直流输电工程，工程额定电压±320kV，额定容量1GW，是大容量柔性直流输电技术在中国的首次应用。厦门柔性直流工程由翔安彭厝换流站、湖里湖边换流站和10.3km直流线路组成，建成后将极大地提高厦门岛内供电能力和供电可靠性，满足地方经济及负荷快速增长的需要，同时对推动大容量柔性直流输电先进技术的示范应用有着重要意义。

新研制的1000MW/±320kV柔性直流换流阀在福建厦门柔性直流示范工程中应用。在该示范工程中，成功研制了具有自主知识产权的±200kV混合式柔性直流断路器样机，实现了大功率绝缘栅双极型晶体管（insulated gate biopolar transistor，IGBT）组件15kA电流分断。首次完成了特高压等电位屏蔽电容式电压互感器样机研制，相关技术达到国际领先水平。

±200kV高压直流断路器研制项目在基础理论、关键技术、样机研制、试验等效研究等多个方面取得重大创新性成果，自主研制的高压直流断路器是目前世界上参数水平最高的产品样机，整体技术达到国际领先水平。在这个过程中，创造性地提出了全桥级联混合式高压直流断路器拓扑，使断路器3ms内可开断高达15kA故障电流，分断速度比人类眨眼的瞬间还要快100倍。高压直流断路器关键技术和样机研制的突破，填补了我国在该领域的空白，打破了跨国公司的技术封锁，进一步巩固了我国在高压直流断路器领域的技术领先地位。

（5）其他技术方面，成功研制了150kHz～10MHz跨频带认知电力线载波通信系统，性能指标达到国际领先水平。完成了国产首台大型抽水蓄能机组静止变频器的研制并投入运行，打破了国外厂家的长期垄断，我国已具备该类装置自主设计和制造能力。

我国自主研制的首台百兆瓦级抽水蓄能机组静止启动变频器（static frequency convertor，SFC）在响水涧抽水蓄能电站进行示范应用，标志着我国百兆瓦级抽水蓄能机组静止启动变频器的研制和调试技术都取得了突破性进展。静止启动变频器是抽水蓄能电站的核心控制设备，负责将抽水蓄能机组由静止状态拖拽至抽水调相运行，其研制、调试技术和市场长期被少数国外企业垄断，导致设备成本昂贵、运行维护费用高。此次静止启动变频器自主调试，标志着我国在调试水平上突破了国外的技术壁垒，使SFC调试的协调环节大幅减少，安全更有保障，整组调试工期大为缩短，为企业带来可观的经济效益。

（6）编制《全球能源互联网关键技术与设备重大专项研究框架》，提出重大技术及装备需求，明确技术实现路径和研究内容，确定总体目标和分阶段目标，制定2015—2020年第一阶段实施计划。

根据洲内联网、洲际联网和全球互联三个主要构建阶段的技术需求，结合当前需求和研究基础，按照科技研发适度超前的原则，专项研究分三个阶段安排。2015—2020年第一阶段重点研究方向包括：①战略规划方向，重点开展全球大型可再生能源资源分析评估、时空互补特性分析、大型可再生能源基地开发时序、合作机制、互联形态和构建方案等研究，为实施“两个替代”、构建全球能源互联网的战略框架和电网结构提供坚实的理论基础。②输变电技术方向，重点开展特高压设备技术适应性、工程建设优化设计、直流电网构建、运行特性和控制保护等基础理论和关键技术研究，为实现电网洲际互联提供技术支撑。③输变电装备方向，重点开展直流断路器和变压器等高压直流关键设备、电网潮流及短路电流复合控制装置等高压交流关键设备研究，掌握高压大容量电力电子模块和器件的设计及制备工艺，开发新型材料和大规模储能技术，提高大型电网的灵活调节能力。④运营控制技术方向，重点开展全球能源互联的交易机制与运行控制协调优化研究，提升大规模交直流混合仿真能力和调度运行能力，构建天地协同的通信体系和信息支撑体系，确保能源互联系统的安全运行。⑤前瞻技术方向，重点开展柔性半波输电、分频输电、混合能源超导输电和聚合物混凝土管道输电的技术可行性研究；跟踪研究新型能源发电技术的最新进展，为后续阶段装备开发和试点应用提供技术储备。

2.5 试点与工程建设

2014 年，我国电网企业在智能电网试点探索方面的步伐进一步加快，很多方面取得重要突破。

在柔性输电技术方面，2014 年，世界首个五端柔性直流——浙江舟山科技示范工程建成投运并稳定运行，福建厦门柔性直流示范工程按期开工并有序推进。结合舟山柔性直流科技创新示范工程建设，提出行业标准《±200kV 多端柔性换流站换流阀施工及验收规范、工艺导则》建议。

可再生能源与储能的大规模综合应用方面，2014 年，国家风光储输示范工程（二期）顺利投运。国家风光储输示范工程（一期）共建设风电 9.850MW、光伏发电 40MW、储能装置 20MW，在此基础上，扩建工程（二期）继续延展范围、扩大增容，建设风电 400MW、光伏发电 60MW、储能装置 50MW。在保证风机、光伏、储能等相关装备的技术先进性和应用示范性的情况下，二期扩建工程要通过增加并网装机和储能配置形成规模效应，进一步深入发掘风光资源优势互补、集中打捆运行的特色模式，优化储能电池的运行控制，扩大电网友好型新能源电站的示范效应，并加强大范围风光互补发电系统并网特性研究，深化科技引领效应，积极探索风光储输与抽水蓄能联合运行控制模式，切实发挥国家风光储输示范工程在提高电网接纳大规模新能源方面的示范引领作用。二期扩建工程投运后，每年将提供约 12.5 亿 kW·h 优质、可靠、稳定的绿色电能，年产值将达到 7 亿元左右，节约标准煤 42 万 t，减少二氧化碳排量 90 万 t。

智能变电站方面，2014 年国家电网公司加快新一代智能变电站（简称“新一代站”）建设，首批投运的 6 个示范站安全稳定运行，并全面总结、分析评估了新一代站建设运行情况，制定了相关技术标准。依托示范工程，完成了 252kV 隔离式断路器（集成全光纤电流互感器）的研制检测，建成了电子式互感器全工况带电考核平台；开展了新一代站典型设计和相关问题研究，为工程建设和稳定运行提供了坚强保障。

此外，国家电网公司还全面启动实施了 6 类 41 项智能电网创新示范工程，工程可研和建设方案全部通过评审，在总体架构、设计思路、建设模式等方面达到国际领先水平。在智能电网创新示范工程中，强化了对应的科研项目支撑，强调以科研成果支撑试点工程建设，以试点工程建设促进科研成果转化，在国家电网公司 41 项智能电网创新示范工程中有 9 项工程实现了与国家科技项目的对接。

3 国内外典型智能电网示范工程

3.1 中国张北国家风光储输示范工程

为促进我国大规模新能源发电并网技术创新发展，大力提升我国风电、光伏发电产业国际竞争力和可持续发展能力，国家科技部、财政部、国家能源局和国家电网公司联合推出了张北国家风光储输示范工程项目(简称“张北项目”)。该项目是“金太阳示范工程”首个重点项目，是世界上第一个集风力发电、光伏发电、储能系统、智能输电于一体的可再生能源发电项目，是我国新能源大规模综合利用示范项目，是多类先进电力技术集成应用的示范平台，在智能电网和国家新能源发展进程中具有重要引领、示范作用。张北项目是解决新能源大规模并网这一世界性技术难题的创新实践，对推动我国能源科技创新、能源装备制造业升级和我国战略性新兴产业发展，提升我国能源领域的国际竞争力意义重大。

国家风光储输示范工程位于张家口市张北县西部的大河乡及尚义县东部的套里庄乡交界处，紧临 S341 省道，属坝上地区。其中一期工程位于整个规划场址的西侧区域。场址区域的海拔高度在 1500～1890m 之间。工程包括孟家梁风电场、小东梁风电场和大河光伏电站三个重要组成部分。

张北项目的最终总规模为风电装机容量 500MW、光伏发电站容量 100MW、储能系统容量 7～110MW。一期工程建设风电 98.5MW、光伏发电 40MW 和储能 20MW，配套建设一座 220kV 智能变电站，总投资33亿元。自2011年12月一期工程竣工投产以来，工程运行平稳，设备状态正常。截至2014年12月，累计输出优质绿色电能超过8.4亿kW·h。2012年10月，国家风光储输示范工程扩建项目（简称“二期项目”）启动，计划建设总规模为510MW，其中包括400MW风力发电、60MW光伏发电、50MW储能装置。扩建工程完工后国家风光储输示范工程总规模将达到670MW，其中风电500MW、光伏发电100MW、储能装置70MW。2014年12月，二期扩建工程光伏与风场建设任务完成，进入工程调试阶段。

（一）风电技术

张北项目一期所选风机均具有民族自主知识产权，风电场建设严格遵循国家相关技术标准、规定。一期已投运的风机容量为98.5MW，其中，24台许继2MW双馈变速型风机，15台金风2.5MW永磁直驱型风机、2台3MW永磁直驱型风机，2台国能1MW垂直轴风机。张北项目采用的主要风电机组类型如图3-1所示。在项目一期工程中，小东梁风电场安装24台2MW双馈风电机组，孟家梁风电场安装15台2.5MW和2台3MW永磁直驱风机、2台1MW垂直轴永磁风机，从而建成包含多种技术路线的综合型风电场。金风2.5MW及许继2MW风机都已具备低电压穿越能力，符合国家相关要求。

（二）光伏发电技术

项目一期已投运总容量为40MW的光伏发电组件，采用无锡尚德、力诺太阳、福建钧石等国内知名光伏厂商产品。其中，多晶硅光伏组件37MW，单晶硅光伏组件1MW，非晶薄膜光伏组件1MW，背接触式光伏组件1MW和高倍聚光电池组件0.05MW。在布置方式上，项目西区采用固定方式布置28MW多晶硅光伏组件，项目东区安装12MW多晶硅、单晶硅、非晶薄膜、背接触式光伏组件。跟踪方式涵盖固定式、平单轴、斜单轴和双轴跟踪，成为具有多种比较、

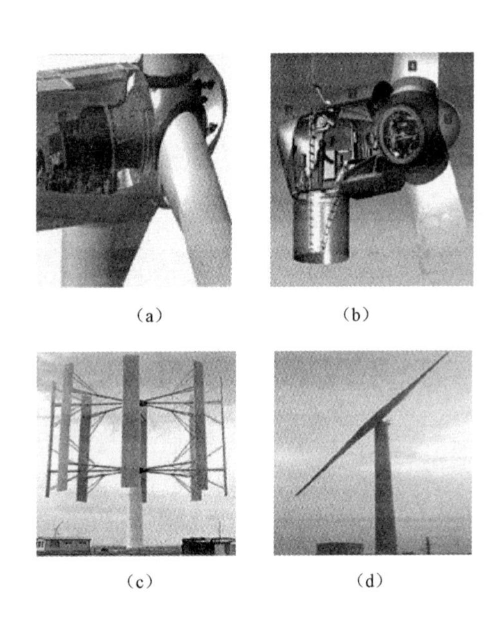

(a)　(b)　(c)　(d)

图 3-1　张北风光储输示范工程项目采用的风电机组类型

(a) 双馈风机（模型）；(b) 直驱风机（模型）；(c) 垂直轴风机；(d) 两叶片风机

展示功能的光伏电站。

项目一期的光伏逆变器采用由国内自主研发的单机容量 500kW 或 630kW 的集中式大容量新型逆变器，目前已成功实现了光伏逆变器在夜间无光情况下参与无功调节的功能。升压设备全部采用非晶合金变压器，降低了光伏电站夜间不发电时变压器的空载损耗，具有显著的节能效果和经济效益。

（三）储能技术

张北项目是世界上首次实现多种储能系统的统一集成监控、协同配合新能源发电的综合示范应用项目。一期储能装机 20MW，储能容量 95MW·h，共分为 9 个储能单元，由 14MW 磷酸铁锂电池和 4MW 钠硫电池构成。目前，14MW 磷酸铁锂储能装置已全部投运。由中国电力科学研究院自主研发的多类型储能联合监控系统（储能电站监控系统）可对不同厂家、不同规格的电池设备、变流设备进行全面监测和精准控制，使储能分系统的统一协作运行程度大大提高。目前该系统已具备集成控制不同厂家、不同功能、多种放电倍率、不同容量单体电池总计 27.5 万节磷酸铁锂电池的功能，以及集成监控不同厂家、不同构成形式的双向变流器 46 台，未来还可实现对液流、钠硫电池的集成应用监控。

（四）联合发电智能全景优化控制系统

张北国家风光储输示范工程的控制中心包含国网电科院自主研发的风光储联合发电全景优化控制系统、风机监控系统、光伏监控系统、储能监控系统、变电站监控系统和风光功率预测系统等子系统，是工程生产运行的控制中枢。该系统采用“一体化”的设计原则，在统一的通信平台上，配置一体化计算机监控系统，实现对张北项目所有设备的监测和控制，以达到智能调度的目的。根据电网下达的调度曲线、风能预测和光照预测结果，通过调节风力发电、光伏发电、储能三者的功率输出来实现预设的控制目标，将风电、太阳能发电等不稳定的电源转化为输出功率稳定、高质量的可靠电源。通过多尺度全天候风光功率预测技术，实现高精度的风能预测和光照预测数据，改善风力发电、光伏发电的可调性，实现与上级调度的紧密联系，统筹调配风力发电、光伏发电、储能资源，实现风力发电、光伏发电、储能、风力发电＋光伏发电、风力发电＋储能、光伏发电＋储能、风力发电＋光伏发电＋储能等七种运行模式，及各种发电运行方式的自动组态、智能优化和平滑切换，确保网厂友好互动，为风力发电、光伏发电和储能联合控制及调度提供准确的分析及决策手段和资源。

目前全景优化控制系统运行情况稳定，已实现与风机、光伏、储能、静态无功发生器 SVG、变电站监控系统以及风光功率预测等各子系统的接入；全景监控系统自动电压控制（automatic voltage control，AVC）、自动发电控制（auto generation control，AGC）功能已启动运行，情况良好，可以实现计划跟踪、平滑出力、削峰填谷等功能，同时充分利用风机、光伏和储能变流器输出无功功率的能力，控制 220kV 变电站并网电压在合格范围内。

张北项目运行以来取得了丰硕的成果。**在风电方面**，进行了不同容量、不同技术路线的对比分析。实现了统一平台监控不同风电机组、故障远程在线监测及控制等技术的应用。研究提出了高电压穿越参数标准和风机参与无功调节的初步方案。

在光伏发电方面，建成投产国内最大的功率可调型光伏电站。具备有功、无功功率调节能力，可以全天 24 小时为电网提供无功补偿。开展了多种技术的比对，包括光伏组件发电量、等效满负荷小时数、支架效率等。

在储能方面，国际上首次实现了多类型储能电池的大规模集成应用和统一监控。实现了平滑波动、跟踪出力等功能性应用，有效地改善了新能源发电质量，并进行了削峰填谷、系统调频等高级功能试验。

在联合监控方面，完成了风机、光伏、变电站、储能各项监控子系统之间的硬件连接和通信调试，实现了全景监控系统对风机、光伏发电单元的群控、群调功能。

在设备试验检测方面，小东梁风电场对许继 WT2000 型风机、孟家梁风电场对金风 GW2500 型风机等设备进行了试验检测，并对多种机组进行了低电压/高电压穿越能力检测，掌握了大量精确数据。

在健康运营方面，通过风光储联合发电运行模式的多组态切换，具备了平滑出力、跟踪计划、削峰填谷、调频等功能，在一定程度上实现了新能源发电的可预测、可控制、可调度。目前变电站主要设备运行情况稳定。

在科技创新方面，形成了以中国电科院为研发主力的，全方位、多层次的科技协同攻关体系。提前两年完成国家科技支撑计划七大课题研发的主要任务，实现了五大技术突破——风光储联合发电互补机制及系统集成、风光储联合发电全景检测与综合控制、高精度风光一体化发电功率预测技术、风光储联合发电的网厂协调技术和电池储能装置大容量化及储能系统电站化集成技术。申报专利 56 项，软件著作权 1 项，发表论文 61 篇（其中国际论文 29 篇）。初步建立了风光储联合发电标准体系。

张北项目通过研究并应用风光互补技术及储能技术，实现了多时间尺度的出力平滑，保证电源稳定输出的目的。项目以波动率为控制目标，发挥储能系统的灵活性，可在指定时间尺度、指定波动范围内调节风光储联合出力，极大程度地缓解新能源的波动性和随机性给电网带来的一系列问题。

3.2 美国西北太平洋智能电网示范工程

为期 5 年的西北太平洋智能电网示范工程（pacific northwest smart grid demonstration project，PNW - SGDP）于 2010 年 2 月正式启动。PNW - SGDP 是美国最大的智能电网示范工程，涉及爱达荷州、蒙大拿州、俄勒冈州、华盛顿和怀俄明州 5 个州内的 6 万个住宅用户。项目由美国巴特尔（Battelle）公司西北太平洋分部主持，参与者有隶属美国能源部的邦威电力管理局（Bonneville Power Administration，BPA）与 IBM、3TIER、QualityLogic、Alstom Grid 和 Netezza 等合作厂商，以及 11 家电力公司。电力系统容量约 11.2MW，总预算为 1.78 亿美元，其中一半由美国能源部根据《复苏法案》（Recovery Act）进行资助，另一半来自参与厂商的配套资金。

（一）组织结构

美国西北太平洋智能电网示范工程的组织结构如图 3 - 2 所示。其中，项目级基础设施参与者主要是指合作厂商，子项目参与者主要是指 11 家电力公司。

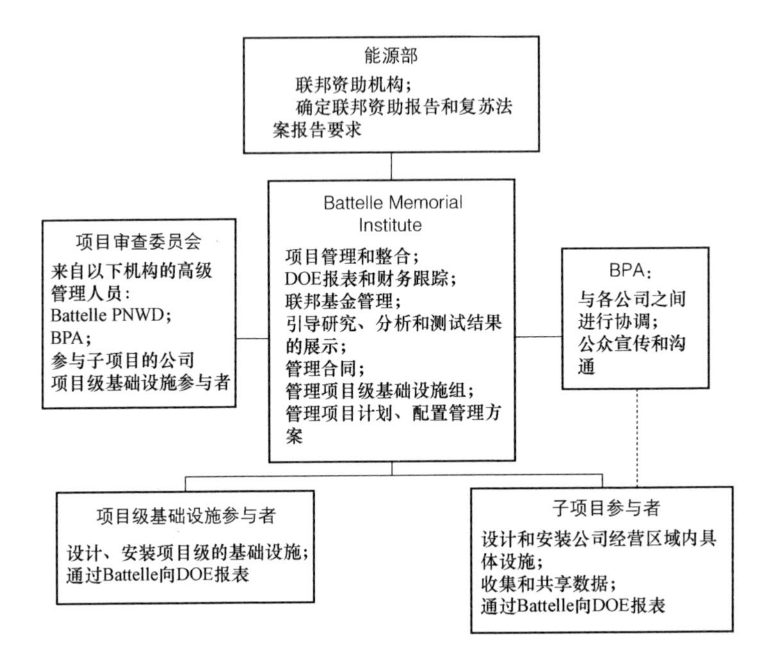

图 3-2 美国西北太平洋智能电网示范工程项目组织结构

示范项目对每个合作厂商做了具体分工。其中 IBM 主要是协助开展电网数字化、智能化和电力智能营运工作；3TIER 的职责是基于先进的气候科技使风力、太阳能及水力等可再生能源发电能更好并网；QualityLogic 主要是协助交互控制操作的测试；Netezza 负责应用节能技术减少数据仓库能量需求；Alstom Grid 的职责是示范工程相关技术的开发和应用。

（二）关键技术及目标

能量传输交互控制技术是美国西北太平洋智能电网示范工程的关键技术之一，即在保障电网可靠性的前提下，以经济信号激励需求侧负荷改变运行状态主动参与电网调控。交互控制技术可缓解用电高峰时输配电网络的拥塞，促进可再生能源的消纳利用。PNW-SGDP 所形成的分层式交互控制系统如图 3-3 所示。

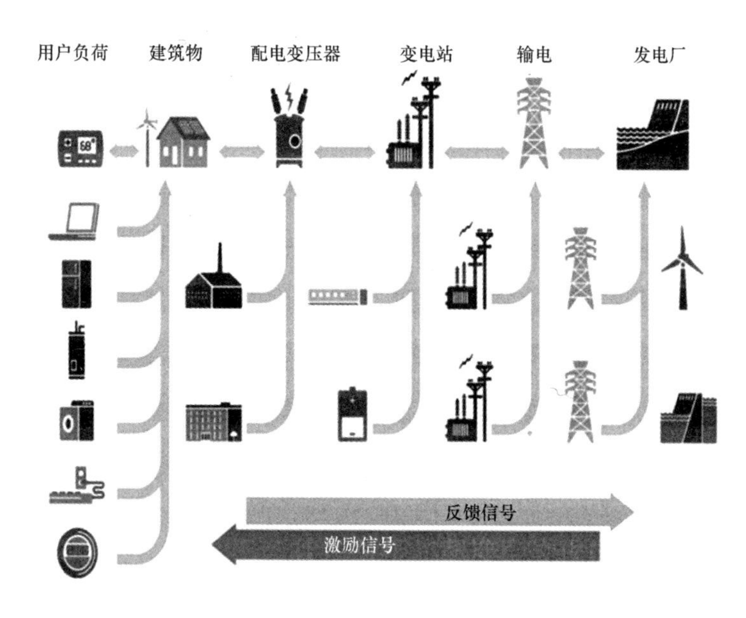

图 3-3 分层式交互控制系统

PNW-SGDP 具有五大目标，分别是：①验证智能电网新技术和商业模式的有效性；②促进可再生能源接入；③在分布式发电、储能和负荷以及现有电网基础设施之间实现双向通信；④量化智能电网的成本和收益；⑤建立更先进的网络互用性和网络安全标准。

（三）时间计划

美国西北太平洋智能电网示范工程的时间计划如表 3-1 所示。

表 3-1　美国西北太平洋智能电网示范工程时间计划

<table>
<tr><th>阶段</th><th>2010 年</th><th>2011 年</th><th>2012 年</th><th>2013 年</th><th>2014 年</th><th>2015 年</th></tr>
<tr><td>阶段一——概念、基本功能设计</td><td>7 个月</td><td></td><td></td><td></td><td></td><td></td></tr>
<tr><td>阶段二——细节设计，基础设施安装、测试和运行</td><td></td><td colspan="2">24 个月</td><td></td><td></td><td></td></tr>
<tr><td>阶段三——数据收集和分析</td><td></td><td></td><td></td><td colspan="2">24 个月</td><td rowspan="2">8 个月</td></tr>
<tr><td>阶段四——完成成本效益分析报告、项目收尾</td><td></td><td></td><td></td><td colspan="2"></td></tr>
</table>

从实现顺序上看，2010—2011 年，项目组通过开发新设备、软

件和相关分析工具，为用户提供丰富的能源消耗和费用信息；电力公司安装了智能电表、加热器负载控制器、太阳能电池板、电池存储系统和备用发电机等基础设施，供后期测试使用。2012—2014年，项目组基于13个试点收集到的数据，分析消费者行为，测试新技术应用，分析智能电网性能。

（四）试点工程

根据美国西北太平洋智能电网示范工程建设需求，项目组在区域内设置了13个试点，由不同的电力公司依据试点自身特点进行需求响应、分布式发电、电动汽车、智能家居、储能系统、可再生能源接入、技术/数据测试、可靠性和断电恢复八个方面的测试。试点位置、功能设置及相关电力公司如图3-4所示，具体开展工作如下。

（1）Portland General Electric（PGE）。

PGE公司负责对拥有500个商业和居民用户的萨利姆地区进行多个智能电网技术的测试，包括风能及太阳能等可再生能源高效接入、基于5MW能源存储系统和用户的备用发电机以及太阳能系统为用户构建高可靠性供电的功能区域、需求响应技术等，以提高电力系统的可靠性。其中，5MW的储能电池由PGE和伊顿公司共同开发完成，电池在电价低时充电，在电价高时放电供用户使用。俄勒冈州数据中心、俄勒冈州军部和安德森战备中心均参与了萨利姆的需求响应测试项目，相关企业将在白天启动循环加热、冷却等系统，在非高峰时间利用转换开关进行需求响应技术测试。

（2）Bonneville Power Administration（BPA）。

BPA为PNW-SGDP资助1000万美元，参与了很多试点项目的研发，对需求响应、电能输送和能源效率等多个领域都有支撑。BPA在试点中主要解决公司级的能源效率问题，以及风电接入后的区域电网问题等。此外，该项目的一个主要目标是要建立一个地区性的商业

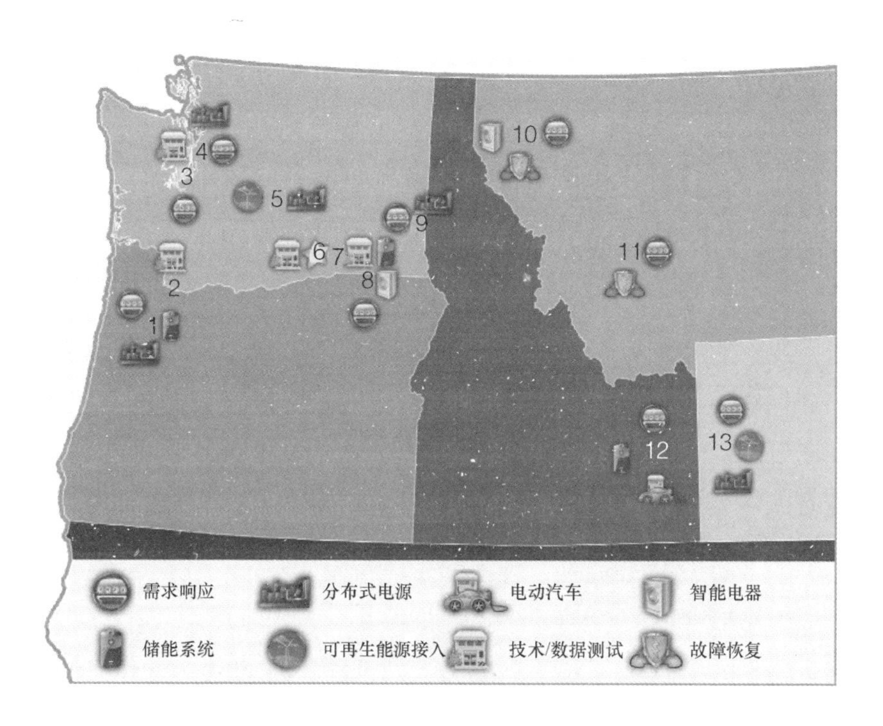

图 3-4 美国西北太平洋智能电网示范工程试点分布

1—PGE；2—Bonneville Power Administration；3—Peninsula Light Company；4—Seattle City Light/University of Washington；5—City of Ellensburg；6—Battelle；7—Benton PUD；8—Milton-Freewater；9—Avista；10—Flathead Electric Cooperative；11—North Western Energy；12—Idaho Falls Power；13—Lower Valley Energy

案例，以量化电力批发商、输送商、配送公司和用户在智能电网中的投资成本和收益。为了构建该商业案例，BPA 联合相关领域专家进行协商合作，正在验证智能电网技术在西北太平洋地区的价值，并将相关试验结果在五个州范围内进行共享，为正在进行技术测试的投资决策者提供参考。BPA 还对基础设施的设计和数据流提供了支持，主导了项目整体的公共宣传和沟通工作。

(3) Peninsula Light Company (PLC)。

PLC 对需求响应、自愈技术和降压节电技术进行了测试。其辖区内 500 个家庭参与了需求响应测试，基本操作模式是在用电高峰期中断参与需求响应家庭的电热水器负载控制开关，以达到节约能源成本的目的。

自愈技术包括故障自动检测、隔离和恢复（fault detection insulation and restoration，FDIR）技术，在安装 SCADA 系统、控制开关等设施的基础上，配电网将会自动检测、隔离故障、重构以减少因故障而受影响的用户数量，然后通过系统平均停电持续时间、频率等指标评价 FDIR 的性能。

电压过低保护则在安装电容和控制设备的基础上，通过 SCADA 系统对电压进行监控，优化配电馈线电压，实现降低系统损耗，改善用户电压质量的效果。

(4) University of Washington。

华盛顿大学与美国第十大电力公司西雅图电力公司合作共同参与西北太平洋智能电网示范项目，旨在收集智能电网成本和效益等信息，用于实现节能、提高电力系统的可靠性和可再生能源接入水平。华盛顿大学主要利用了以下三种方式：一是在西雅图大学校园的 216 座建筑内安装了智能电表，实时监测用能情况，并开发了计算机软件分析华盛顿大学的耗能情况；二是在校园内安装了交互控制系统，以达到对建筑物的供热、供冷和通风系统进行实时调整的目的；三是使用柴油、蒸汽发电机，安装光伏电池等分布式发电基础设施来平衡高峰期的负荷。

(5) City of Ellensburg Light Division。

Ellensburg 可再生能源园区包括 30kW 聚光太阳能电池板、42kW 薄膜纳米太阳能电池板和 80kW 风力发电装备。可再生能源园区安装的太阳能和风能系统各个部件的大小与普通用户在家里或公司可能安装的部件大小一致，以保障数据的实用性。同时，可再生能源园区通过专用通信设施实现对能源生产和气候环境（风速和温度）等数据的实时采集，并为高校科研提供各种各样较小容量可再生资源的比较数据。

（6）Battelle。

Battelle 公司西北太平洋分部所在地——里奇兰（Richland）是 PNW－SGDP 的电力基础设施运营中心。电网运营商可以在此处工作，开发提高电网效率的工具。Richland 不仅是 PNW－SGDP 的控制中心，也是收集、存储、分析和评估不同公司区域内试验数据的中心。

（7）Benton PUD。

该项目利用小规模分布式储能系统以平衡间歇性的风力发电，减少高峰期的电力需求，并利用配电智能电子设备、SCADA 系统、自动计量设备收集相关数据用于测试分析。此外，该公司也将对智能电网的运行管理进行深化研究，建立更加完善的管理体系，并对公司人员进行培训，以改进系统的操作和分析过程，提高配电效率和服务质量。

（8）Milton－Freewater。

Milton－Freewater 进行的第一个改造项目是在区域内电表和水表上安装具有双向通信功能的高级计量系统（advanced metering infrastructure，AMI）。第二个改造项目主要是将用户家中的单向负荷控制单元替换为双向通信单元，以实现对负荷的直接控制和需求响应。该公司也将对在高峰时段可以削减负荷的智能设备、降压节电技术进行测试，以确定是否可以在经济性允许的情况下降低电压以达到一定程度上节能的目的。

（9）Avista。

Avista 位于华盛顿州普尔曼社区，该项目的主要目的是测试电压优化、需求响应、电容器组控制和智能变压器等多种智能电网技术，以提高电网的可靠性和效率。Avista 将为自愿参与用户提供家用电能显示器等智能设备以更好地管理用电量。

(10) Flathead Electric Cooperative (FEC)。

FEC“高峰时段”项目的参与对象主要有利比(Libby)地区的300个家庭用户，马里昂(Marion)和基拉(Kila)地区的150个家庭用户。参与者将免费获得家用电能显示器以及参与调峰的奖励。此举不仅将是利用通信控制技术实现对现代电网资产优化利用的示范，也有利于相关方确定峰值期降低供电成本的方法。

(11) North Western Energy。

该项目通过在蒙大拿州(Montana)西南部的农村和城市地区进行需求响应、降压节电等试验，测试相关系统的效率和自动化程度。需求响应中使用分时电价反映能源成本，用户根据价格调整自身用能行为。降压节电将在不影响性能的前提下降低终端用户的电压以节约电能。同时，该项目也充分利用了参与者智能家居提供的实时用能数据，帮助用户做出节能方案。

(12) Idaho Falls Power。

该项目通过让志愿参与的居民和商业用户试用用能显示器、暖气、通风和空调控制，热水器和恒温控制等相关智能设备，对智能设备本身性能、用户用能情况进行分析，并为用户提供反馈。另外，该项目也对插电式混合电动车(plug hybrid electric vehicle，PHEV)的充电需求进行测试。

(13) Lower Valley Energy。

该项目主要通过在住宅的热水器上安装远程控制开关，研究削峰填谷的效果和用户行为反应。另外，Lower Valley Energy也参与了热能存储技术测试，研究其节能和调峰效果。

截至2014年底，试点工程已投入资产7700万美元，各牵头公司新增的资产明细如表3-2所示。

表 3-2　　试点工程牵头公司新增资产明细

牵头公司	降压节电设备	商业区域需求响应设备	家庭用能显示器	T-Stats分析工具	区域发电设备	储能系统	光伏发电设备	风力发电设备	住宅区需求响应设备	PHEV	功率因数控制器	配电自动化系统	静止无功发生器	智能变压器
Avista														
Benton PUD						×								
City of Ellensburg								×						
Flathead Electric														
Idaho Falls Power						×								
Lower Valley Energy														
Milton-Freewater														
North Western Energy														
Peninsula Light														
PGE														
UW/Seattle City Light														

注　"×"表示该项目已停用或拆除。

3.3 德国 E-Energy 促进计划

德国一直是欧盟可再生能源发展的典范。欧盟于 1996 年 12 月颁布《电力内部市场共同规则指令》，开启欧盟电力市场的自由化。德国于 1998 年 4 月修订《能源经济法》，对该指令进行落实，全面开放电力及天然气市场。德国联邦政府于 2010 年 9 月提出了德国能源概念，希望建立一个对环境友善、可靠且可负担的能源供应概念，制定了可再生能源发展目标：2050年可再生能源占能源供应的60%，占电力供应的80%。德国联邦经济技术部针对该能源概念，提出落实方案，强调智能电网与智能电表对提升可再生能源使用的重要性。德国电力市场开放后，其发电、输电、配电、售电公司在近年来积极投入智能电网的发展。随着德国电力市场渐趋复杂，无序的分布式电源发展带来了一系列问题。因此，如何通过智能电网来解决这些问题，成为E-Energy（2008—2012）计划的重要课题。以下从概况、试点工程、标准制定三个方面详细介绍E-Energy计划。

（一）概况

德国E-Energy计划旨在利用信息通信技术（information communication technology，ICT）实现能源电力和信息的深度融合，建立具有自我调控能力的智能化电力系统。该计划总投资为1.4亿欧元，自2008年开始实施，已于2014年完成项目建设，部分项目正在开展商业模式研究和示范运营。

该计划具体目标包括：通过向智能生产—智能网络—智能消费—智能储存过渡，为解决能源和气候问题做出贡献；培育新型市场，创造更多就业机会；通过促进跨学科合作，加快技术创新与社会进步；促进电力系统发展转变。

该计划有三个方面的显著特点：一是以信息与能源融合为纽带，构建了由能源网、信息网和市场服务商构成的三层次能源系统架构；二是开发了基于能量传输系统的信息和通信控制技术，可以实现从能源生产到终端消费的全环节贯通；三是促成了新的商业模式和市场机制，对智能电力交易平台、虚拟电厂、分布式能源社区等商业模式进行了试点研究。

（二）试点工程

为了开发和测试智能电网不同的核心要素，德国联邦经济技术部通过技术竞赛比选划出 6 个试点地区，对电网管理、智能家居、电动汽车、分布式能源以及未来电力市场等领域进行验证，具体如图 3-5 所示。这些试点工程由大学和研究单位、能源电气以及通信 IT 行业的精英公司共同合作完成。

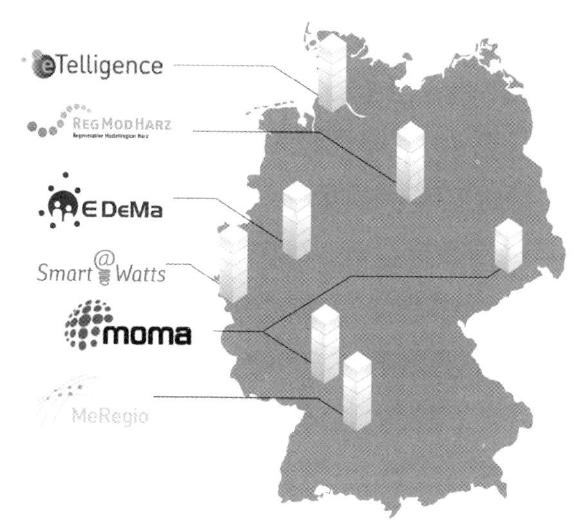

图 3-5 德国 E-Energy 计划试点项目及分布示意

6 个试点工程都包含基于 ICT 技术实现用户用电信息反馈的基本运作模式：在用户侧安装智能电表，监测用户在不同电价激励下的用电情况，并将用电数据传送到具有处理用电数据功能的控制装置，再经由互联网将数据上送至电力供应端的服务器，分析用电量、二氧化碳排放量等信息后反馈给用户。

（1）eTelligence 项目：库克斯港。

库克斯港位于德国西北沿海，具有丰富的风力资源。eTelligence 项目由 EWE 公司牵头，以 550 个家庭用户为对象，基于 eTelligence-App、网站和月度电量报告三种渠道将用电量可视化，进行削减高峰用电的动态电价试验。项目实施的关键是需要综合调节高比例的风力发电与供能需求，核心是要为区域内所有发电商、分销商、消费者、服务供应商建立基于互联网的能源市场，并在供需信息双向透明的基础上，进行能源交易和服务。智能电网相关特性在该项目中的涉及程度如图 3-6 所示。

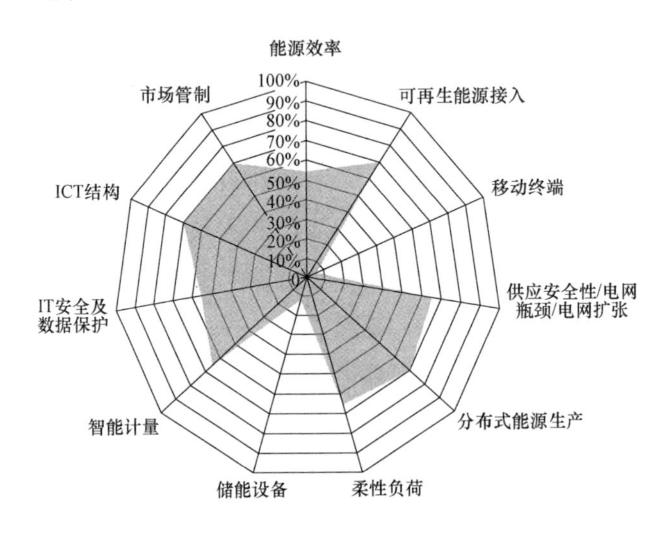

图 3-6 eTelligence 项目特性

eTelligence 项目的虚拟电厂商业模式值得研究与借鉴。虚拟电厂通过 ICT 技术将分散的太阳能发电、风力发电、冷藏仓库等资源进行整合作为市场主体参与市场交易。市场操作者是 EWE 公司，其在观察地区和欧洲能源交易所供需动向的同时给出交易价格，虚拟电厂及区域内各热电联产系统则根据该价格与 EWE 进行交易。为期 1 年的试验结果显示，EWE 公司向欧洲能源交易所购买的电量仅为 88MW•h，销售的电量则达到 2067MW•h，使本地的可再生能源得到了较大程度的利用。

（2）RegModHarz 项目：哈尔茨可再生能源示范区。

哈尔茨地区位于德国中心偏北的山区，风力、太阳能、生物质等自然能源较为丰富。该项目的基本出发点是依靠“可再生能源联合循环利用”实现电力供应的最佳组合，通过协调分散的可再生能源发电设备与抽水蓄能式水电站，使其效果达到最优。项目的最大特点是在用电侧整合了储能系统、电动汽车、可再生能源和智能家居形成虚拟电站。如当电力富余时，抽水蓄能电站和电动汽车会被提示储存多余电力，智能家居也会及时开启消费多余电力；在电力需求攀升时，储能系统可以同智能家居一起构成虚拟电站，通过释放所存储的电力以及减少智能家居的用电量来满足电力消费需求。智能电网相关特性在该项目中的涉及程度如图 3-7 所示。

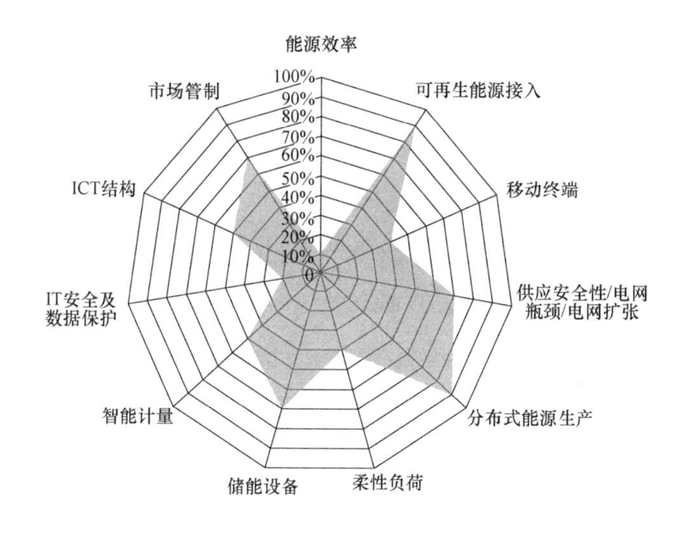

图 3-7 RegModHarz 项目特性

(3) E DeMa 项目：莱茵—鲁尔。

该项目的牵头单位是 RWE 公司，为加强电力系统与用户之间的互动，在人口密集的中等城市米尔海姆建立智能互联的分布式能源社区运行模式。社区中的每个家庭都是电能生产者和消费者（prosumer=producer+consumer），可利用分布式能源电站生产电力并在微网内销售。这个项目的核心在于通过“智能能源路由器”（光伏逆变器、家庭储能单元或智能电表）来实现电力管理，既包括用电智能监控和需求响应，也包括调度分布式电力给电网或社区其他电力用户。智能电网相关特性在该项目中的涉及程度如图 3-8 所示。

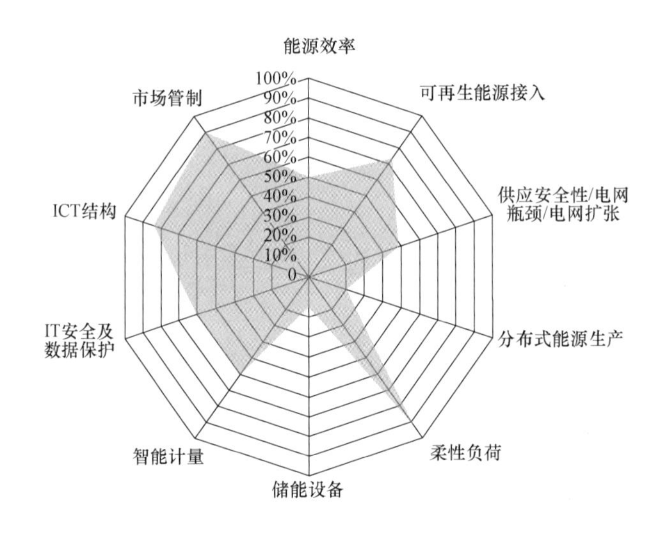

图 3-8　EDeMa 项目特性

(4) Smart WATTS 项目：亚琛。

该项目是由地方电力公司主导的、希望构建完全自由零售市场的示范项目，共计 250 多个家庭参与。亚琛“Smart WATTS”示范项目的重点是针对个人用户，第一步是对用户进行节电宣传，第二步则是根据电力供需实施分时电价，在不降低用户生活舒适度的情况下达到需求侧响应的目的。用户可通过智能终端、智能插座等与能量管理系统进行交互，基于日、周、月或年的用电情况及电价数据，调整自身用电行为。如在电价降低时，居民可以通过一部智能手机或平板电脑来提高冰箱的制冷量。智能电网相关特性在该项目中的涉及程度如图 3-9 所示。

(5) MOMA 项目：莱茵一内卡（曼海姆）。

该项目由地方电力公司主导，旨在跳出狭义的电力范畴，实现大

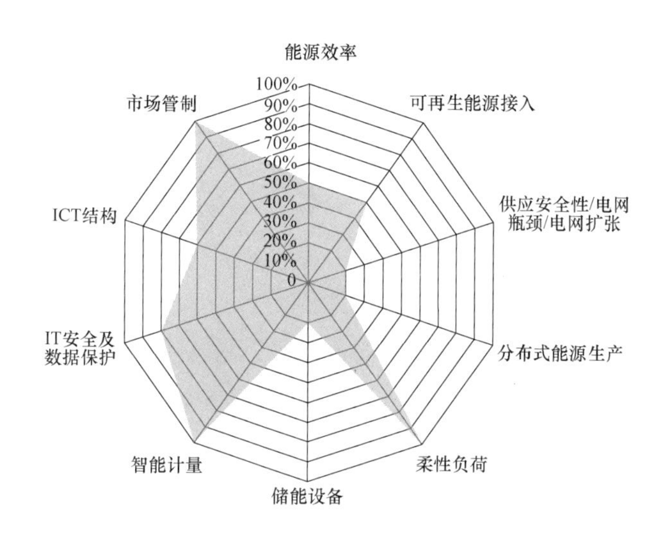

图 3-9 Smart WATTS 项目特性

能源互联。区域内的分布式能源和其他公用设施（水、热、燃气）将更加有机地融入城市原有的配电网和基础设施网络，曼海姆居民所使用的电力、自来水、供热、燃气都将来自身边最近的分布式能源中心，以尽可能地减少传输损耗。

该项目的关键组成要素包括实现实时数据传输的通信基础设施，基于可再生能源供应能力的灵活电力价格，依据价格信号自动管理用户洗衣机、洗碗机、冷冻箱等家电的能源管理系统，包含生产者、分销商、消费者、能源服务供应商的能源市场，门户网站。智能电网相关特性在该项目中的涉及程度如图 3-10 所示。

(6) MEREGIO 项目：斯图加特。

该项目由德国四大电力公司之一的 EnBw 能源公司（EnBW-Energie Baden-Württemberg，EnBW）牵头，主要目标是利用智能电能表及各种 ICT 技术，将 CO_2 的排放量减至最低。通过建立以火电为主的区域性能源市场，为区域内所有能源生产商、分销商、消费者、服务供应商提供交易平台；通过智能电表收集用户的用电信息并

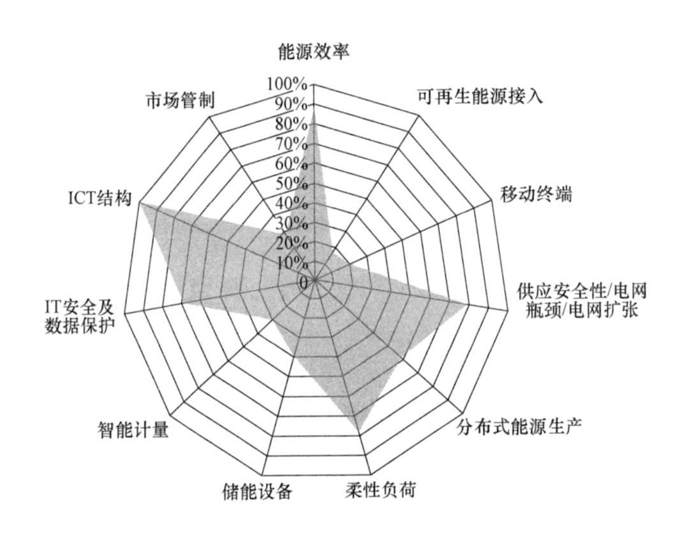

图 3-10　MOMA 项目特性

发布及时电价，鼓励居民错峰用电，以此来增加区域内的电能利用效率，减少传统化石能源的温室气体排放。智能电网相关特性在该项目中的涉及程度如图 3-11 所示。

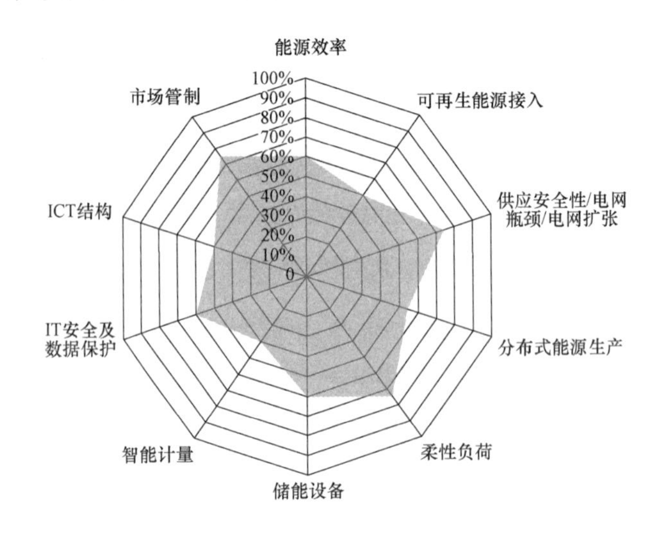

图 3-11　MEREGIO 项目特性

值得一提的是该项目开发了一个“电力红绿灯”的电价显示装

置，如图 3-12 所示。该显示设备会随着电价的高低变换颜色，红、黄、绿分别代表高电价、低电价和超低电价。

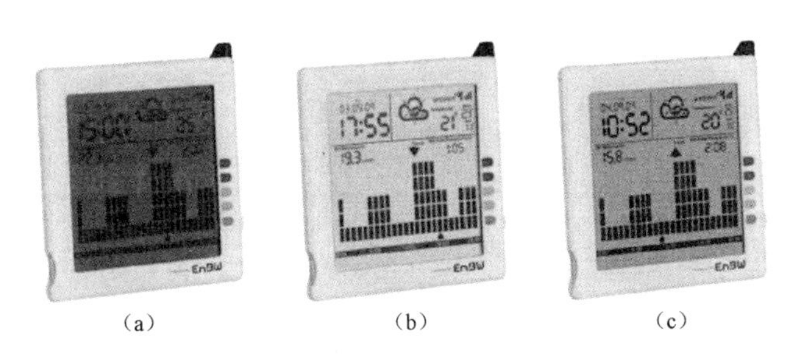

(a) (b) (c)

图 3-12 MeRegio 项目“电力红绿灯”

(a) 电力红灯——高电价；(b) 电力黄灯——低电价；(c) 电力绿灯——超低电价

（三）标准制定

德国电工委员会（Deutsche Ekeltrotechnische Kommission，DKE）是德国智能电网标准化发展的主要推动者，其先后发布了《德国 E-Energy/智能电网路径图》（The German Roadmap E-Energy/Smart Grid）、《德国 E-Energy/智能电网 2.0 路径图：智能电网标准化状况、趋势及展望》等报告，对德国智能电网发展产生了重要影响。DKE 创建了 E-Energy/智能电网标准化技术中心，随后又组建了 E-Energy/智能电网标准指导小组。上述技术中心和指导小组已在国家层面形成正式实体，旨在协调德国电工委员会和德国工业标准委员会，以有效处理不同利益相关群体在 E-Energy 示范项目的合作过程中所提出的智能电网标准化相关问题。

4 专题研究

4.1 智能电网综合评估

智能电网被认为是一项复杂、庞大的系统工程，智能电网的实践目前在世界范围内仍处于发展阶段。全面科学地评价智能电网综合效益，及时发现智能电网建设运行中的不足，实现智能电网建设中技术和经济的均衡发展，对于正确指导智能电网规划、建设、运行、管理是非常重要的。一方面，智能电网是传统电网基础上的升级和改造，智能电网具备了传统电网的所有功能；另一方面，智能电网又体现了高度信息化、自动化、互动化等崭新的特点，大大提升和扩展了传统电网的服务功能。因此，建立科学智能电网评价方法往往需要既保持对传统电网功能的正确评估，又全面反映智能电网自身的技术特点和功能属性。

4.1.1 国外智能电网研究与实践

欧美等发达国家在电网发展建设和运行管理方面具有较高的水平，在电网评价方面积累了较为丰富的经验。近年来，许多国家和著名公司相继将建立智能电网评估体系作为研发重点。目前已公开的智能电网评估体系主要有 IBM 智能电网成熟度模型、美国能源部（Department of Energy，DOE）智能电网发展评价指标体系、美国电力研究院（Electric Power Research Institute，EPRI）智能电网建设评估指标，以及欧洲智能电网收益评估指标体系等。

（一）IBM 智能电网成熟度模型

(1) 发展背景和基本概念。

智能电网成熟度模型是 IBM、APQC 和全球智能电网联盟的合作成果。全球智能电网联盟希望借助智能电网成熟度模型鼓励、指导和支持全球各地电力公司和相关行业在智能电网方面的努力和投资。

智能电网成熟度模型将智能电网的基本功能定位于提高系统的可靠性和效率，接纳更多的新能源，使用户更多地与电网互动。根据对智能电网建设的理解，智能电网成熟度模型将智能电网的发展分为五个不同的成熟度阶段，图 4-1 展示了成熟度五个阶段的定义和标志。

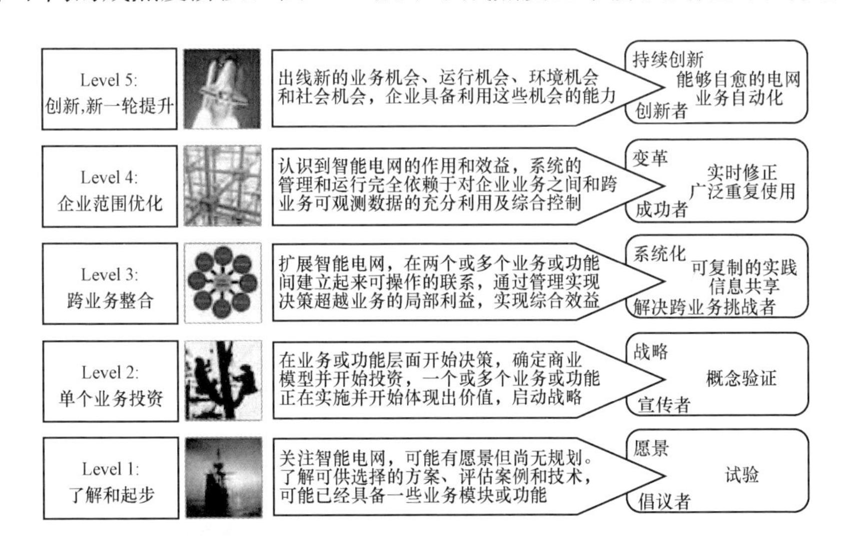

图 4-1 IBM 智能电网成熟度模型

智能电网成熟度模型将智能电网的发展总结为以下五个阶段：

1）第一阶段，仅具有发展智能电网的设想，尚无明确的规划和发展策略。

2）第二阶段，具有一定的战略规划，并至少在一个智能电网的重要业务领域开始投资和实施。

3）第三阶段，智能电网的各个组成部分开始相互整合，实现两个或两个以上的业务领域整合或产业链升级。

4）第四阶段，电网能够实现整个企业范围的跨环节综合观测及综合控制，有可能形成新的经济或商业模式。

5）第五阶段，电网有能力在新的业务、运行、环境等机会出现时，充分利用并发展壮大。

（2）结构组成。

IBM从人员技术和运行流程两个方面将智能电网评估分为8个领域，各个评估领域的具体内涵如表4-1所示。

表4-1　IBM智能电网成熟度评估体系

分类	领域	具体内涵
人员技术	策略、管理与监管	远景、战略规划、决策制定、战略执行和规则、监管、投资过程等
	组织	交流、文化、组织结构等
	技术	信息、工程、信息和运行的整合、标准、分析工具等
	社会与环境	环保与绿色计划、可持续发展、整合可替代能源和分布式能源的经济型与可行性
运行流程	电网运行	高级电网可观测性和高级电网运行控制、质量及可靠性
	人员、资产管理	资产和资源的优化
	用户管理和体验	零售、客户关怀、价格选择和控制、高级服务、用电质量，以及性能的可视化展现
	价值链整合	需求和供应管理、分布式发电管理、负荷管理、市场机会

智能电网成熟度模型通过8个评估领域共约200个特征给出智能电网各个阶段的特点和具体表现，能够帮助电力企业确定当前所处的阶段，找出与目标的差距和需要提高的方向，鼓励、指导和支持全球

各地电力公司和相关行业在智能电网方面的努力和投资。

（二）美国能源部发布的智能电网发展评价指标体系

(1) 发展背景和基本概念。

美国能源部智能电网评估框架体系发布于2009年，其内容主要包含两个方面：一是对美国智能电网的构想；二是给出了智能电网发展的评价指标。美国能源部提出智能电网应具有以下六种特性：

1）基于丰富信息的用户参与；

2）能够容纳所有的发电和储能装置；

3）允许新产品、新服务和新市场的引入；

4）根据用户需求提供不同的电能服务质量；

5）优化资产利用效率和电网运行效率；

6）电网运行更具柔性，能应对各类扰动袭击和自然灾害。

上述六项特性是美国能源部对智能电网的总体认识，以期通过智能电网的建设达到两种目的：一是为用户提供更好的服务，并通过用户的参与来提高电网运行收益；二是使电网能够更加灵活地应对各类扰动和自然灾害。

(2) 结构组成。

根据智能电网的六项特性，美国能源部提出了一个由20项指标构成的评估体系。在该体系中，评价指标被分为建设性指标和数值性指标两类。建设性指标是指描述支撑智能电网属性的指标，可以反映智能电网发展的推进程度，从量的角度反映智能电网建设的进展情况；数值性指标是指能够描述智能电网达到某种程度的数值指标，反映智能电网发展的成熟程度，从质的角度衡量智能电网建设的效果。

20个指标可以分为4组，分别表征智能电网不同领域的实施情况，分别为：局部、区域和全国协作机制；分布式能源技术；输配电基础；信息网络和财务。具体指标体系如表4-2所示。

表 4-2 美国能源部智能电网评估框架体系

指标分组	所属特性	指标名称	指标类别
局部、区域和全国协作机制	1)	动态定价	建设性
	6)	实时运行数据共享	建设性
	2)	分布式电源互联政策	建设性
	3)	政策与监管进步	建设性
分布式能源技术	1)	基于电网状态的负荷参与	建设性
	4)	微网服务	建设性
	2)	联网的分布式发电（包括可再生能源和非可再生能源）	建设性
	3)	电动汽车与混合动力汽车	建设性
	6)	响应电网的非发电的需求侧设备	建设性
输配电基础设施	6)	输配电系统可靠性	数值性
	5)	自动化水平	建设性
	1)	高级计量（AMI 等）	建设性
	6)	高级系统测量（PMU 及 WAMS 等）	建设性
	5)	容量因数	数值性
	5)	发电和输配电效率	数值性
	4)	动态线路容量	建设性
	5)	电能质量	数值性
信息网络和财务	6)	计算机安全	建设性
	3)	开放架构/标准	建设性
	3)	风险投资	数值性

注 所属特性一栏中的序号与前面所述美国能源部提出智能电网应具有的六种特性序号对应。

从表 4-2 所示的指标体系来看，DOE 所提出的 20 个指标都是紧随其对智能电网的特性和远景描述而提出来的。比如，动态定价、高级计量都是用户参与智能电网运行的前提；分布式电源互联政策和联网的分布式发电技术则分别代表了是否鼓励用户发展分布式电源和电网是否具备适应分布式电源的能力；电动汽车与混合动力汽车和开放架构/标准体现了智能电网需要满足新产品、新服务的需求等。

（三）美国电力研究院发布的智能电网建设项目成本/收益评估指标

(1) 发展背景和基本概念。

EPRI 在能源部发布的智能电网发展评价指标体系基础上建立了智能电网建设及其项目评估指标体系，该指标体系用于智能电网整体建设进程和单个建设项目的评估。其评价目的是评价智能电网建设进程的推进程度和收益情况，并为估算智能电网建设的成本/收益分析提供基础。EPRI 对美国智能电网特性描述为以下七个方面：

1）基于丰富信息的用户参与；

2）能够容纳所有的发电和储能装置；

3）允许新产品、新服务和新市场的引入；

4）根据用户需求提供不同的电能服务质量；

5）优化资产利用效率和电网运行效率；

6）通过自动预防、隔离和回复来应对扰动，即具有自愈功能；

7）电网运行更具柔性，能应对各类扰动袭击和自然灾害。

相比美国能源部提出的智能电网特性，EPRI 提高了电网自愈功能的重要性，使其单独成为智能电网的一大特性。这表示 EPRI 对电网本身建设的重视程度要大于美国能源部，提高了智能电网特性描述中电网自身运行情况所占的比重。

(2) 结构组成。

EPRI 评估体系的建立流程如下：

1）列出可能被建设或发展的智能电网技术；

2）建立一组标准化的智能电网技术及功能的映射表；

3）分析智能电网七个特性及其可能的效益；

4）各功能的机理和目的分析；

5）根据各功能的目的建立其与预期收益和成本的映射。

基于上述流程，EPRI建立的智能电网建设项目收益评估体系如表4-3所示。

表4-3　　EPRI智能电网建设项目收益评估体系

智能电网特性	智能电网建设评估指标
1）基于丰富信息的用户参与	①能够收到电网信息的用户比例
	②客户端的数量
	③选择做出决定或委托决策权的客户数
	④能实现数据通信的电表安装数量
	⑤能发送或接受电网信息的电表数量
	⑥具备数据通信、自动控制电器能力的客户数量及其所占的负荷比例
	⑦负荷控制比例
	⑧通过价格和成本信息为客户节约的电费
	⑨能通过储能或发电系统参与需求响应的用户数
2）能够容纳所有的发电和储能装置	①可控的分布式电源比例及能进行价格响应的比例
	②分布式电源发电量和装机容量比
	③存储的非可再生能源用于削峰的比例
	④不同时间、节点的负载系数
	⑤采用热电联产的分布式电源用于辅助服务的电量（或电力）
	⑥热电联产的分布式能源或可再生能源比例
	⑦配网容纳双向潮流的能力
3）允许新产品、新服务和新市场的引入	①具备终端到终端、互操作认证产品的数量
	②智能住宅的数量
	③辅助服务提供的电量或电力比例
	④插入式电动汽车的销量及比例

续表

智能电网特性	智能电网建设评估指标
4）根据用户需求提供不同的电能服务质量	①电能质量指标的改善情况
	②电能质量测量点占客户总数的比例
	③可识别并预测的电能质量事件
	④用户抱怨电能质量的次数
	⑤电能质量提高所减少的系统损失和设备故障次数
	⑥微网数量和微网负荷比例
	⑦SCADA 的安装数量及其覆盖的负荷和电量比例
	⑧PMU 的安装数量及其覆盖负荷和电量比例
	⑨数据源于 PMU 且能共享的负荷及电量比例
	⑩具备实时数据管理和可视化服务的系统数量及其负荷和电量的比例
	⑪自动化输电系统或先进测量工具所覆盖的负荷及电量比例
5）优化资产利用效率和电网运行效率	①由于智能电网技术而延缓的发电机投资容量
	②由于智能电网技术而延缓的输电线路和变电站投资总量
	③资产利用率水平或负荷系数
	④运维成本的减少
	⑤停电恢复时间的减少
	⑥电网设备故障数量的减少
6）通过自动预防、隔离和恢复来应对扰动	①实时监测的节点和客户数量比例
	②可靠性指标的提高
	③大面积停电事故的减少
	④停电时间的减少
	⑤通过分布式电源和需求响应所减少的停电次数
7）电网运行更具柔性，能应对各类扰动袭击和自然灾害	①配电网负荷替代途径数量
	②分布式能源普及率及地理分布广泛性
	③成功抵御网络攻击的次数
	④停电恢复时间的缩短

从表 4-3 可以看出，EPRI 提出的指标体系要比美国能源部的指标体系更加具体和细化，这与其评价目的一致——评价智能电网建设的推进和收益情况，并基于该体系对智能电网建设和相关项目的收益情况进行分析。

（四）欧洲智能电网收益评估指标体系

（1）发展背景和基本概念。

欧洲发展智能电网的主要驱动力是应对能源和环境的挑战，尤其是欧盟能源和环境协议设定的 2020 年环保减排目标：减少 20%的温室气体排放；达到 20%的可再生能源比例；减少 20%的主要能源消耗。

因此，欧洲对智能电网的描述是可以整合所有连接用户的行为，以实现可持续的、经济的、安全的智能电力网络。欧盟智能电网的发展目标主要是通过智能电网的建设实现低碳的电网和能源系统，如通过提高风电等可再生能源的并网比例和分布式电源、需求侧管理等技术，实现电力行业节能减排的目的。

（2）结构组成。

基于对智能电网的构想，ENTSO-E 和欧洲配电运营商联盟（European Distribution System Operators，EDSO）联合发布了智能电网收益评估指标体系，如表 4-4 所示。

表 4-4　欧洲智能电网效益评估指标体系

收　益	指　标
1）增加可持续性	CO_2减排量
2）能够有效地将基于各类能源的发电机所发的电量传输给用户	分布式电源容量
	减少由于阻塞造成的分布式电源弃电量
	可安全容纳的最大注入功率

续表

收　益	指　标
3）开放的、统一的接入标准，使用户都能够连接电网	减少新用户连接电网的处理时间
	统一的用户接入标准
4）更安全和更高质量的电力供应	负荷高峰削峰率
	提高新能源的比例
	减少客户的平均停电时间
	提高电压质量
	提高输电网和配电网的协调运行能力
	提高紧急事件的预测和控制效率
	紧急时间后的协调恢复供电能力
5）提高电网运行和供电效率及质量	网损减小量
	提高需求侧参与比例
	通过用户参与，提高电能使用效率
	电动汽车容量
	系统设备可靠性的提高
	电网的可用容量
	提供输配电网的辅助服务
6）通过潮流控制支持欧洲范围的电力市场，减少环流，增强联网能力	跨国联络线容量的提高
7）协调地方、区域和欧洲的联合电网规划和发展	
8）已实施方案的成本效率	
9）支持新的业务模式、创新性的产品和服务	

该体系将智能电网的收益分为9部分，包含21个关键性能指标（key performance indicators，KPI）。通过KPI可以对智能电网建设的收益进行估算从而促进和发展有效的、高效的智能电网技术及设

备，并对智能电网建设项目的收益进行评估，优先选出更有效、更高效的建设项目。

4.1.2 国内智能电网评估研究与实践

近年来，我国电网发展建设迅速，电网结构趋于成熟合理，供电服务水平不断提升，在特高压输电等领域已经达到世界先进水平。智能电网发展得到我国政府的高度重视，以国家电网公司为代表的许多企业单位积极开展智能电网的研发、建设和实践工作。我国也提出了智能电网的试点项目评估和综合评估方法。

（一）智能电网试点项目评价指标体系

(1) 发展背景和基本概念。

智能电网试点项目评价指标体系主要针对智能变电站、配电自动化等各项智能电网试点项目，从技术水平、经济效益、社会效益以及实用化等方面，进行试点项目成效分析和评估，以便调整完善、统一规范及全面推广建设智能电网重点项目。

智能电网试点项目评价以 SMART［特定的（specific）、可测量的（measurable）、可得到的（attainable）、相关的（relevant）、可跟踪的（trackable）］准则作为评价指标体系的构建方法，针对试点项目从项目技术性、经济性、社会性、实用化等几个方面开展评价分析。

(2) 结构组成。

智能电网试点项目评价指标体系采用层次分析法与模糊评价法相结合，通过指标值的计算，得出一个综合分值。该分值可以反映智能电网试点项目技术性、经济性、社会性和实用化等方面的综合水平，以便调整完善、统一规范及全面推广智能电网重点项目的建设。智能电网试点项目评价指标体系如表 4-5 所示。

表 4-5 智能电网试点项目评价指标体系

评价对象	一级指标	二级指标
智能变电站试点工程	技术性	互动性、先进性、优质性指标等
	经济性	成本指标
	社会性	社会影响
配电自动化试点工程	技术性	安全性、自愈性、优质性、互动性指标
	经济性	降低成本、增加效益、费效比指标
	社会性	环境影响指标
	实用化	推广应用指标
用电信息采集系统试点工程	技术性	安全性、互动性、先进性指标等
	经济性	降低成本、增加效益、费效比指标
	社会性	环境影响指标
	实用化	推广应用指标

（二）坚强智能电网综合评价体系

（1）发展背景和基本概念。

坚强智能电网综合评估从坚强智能电网建设目标出发，涵盖坚强智能电网各环节的建设重点，体现智能电网的技术特性及综合效益。通过评估与比较，找出智能电网建设中的优势环节及薄弱环节。在该指导思想下，结合坚强智能电网的六大属性，即坚强性、可靠性、高效性、经济性、环境友好性和互动性，构建坚强智能电网综合评估指标体系。

（2）结构组成。

从坚强性、可靠性、高效性、经济性、环境友好性和互动性六个方面，提出坚强智能电网综合评价指标体系。该指标体系由 6 个一级指标，17 个二级指标，51 个三级指标组成，如图 4-2 所示。

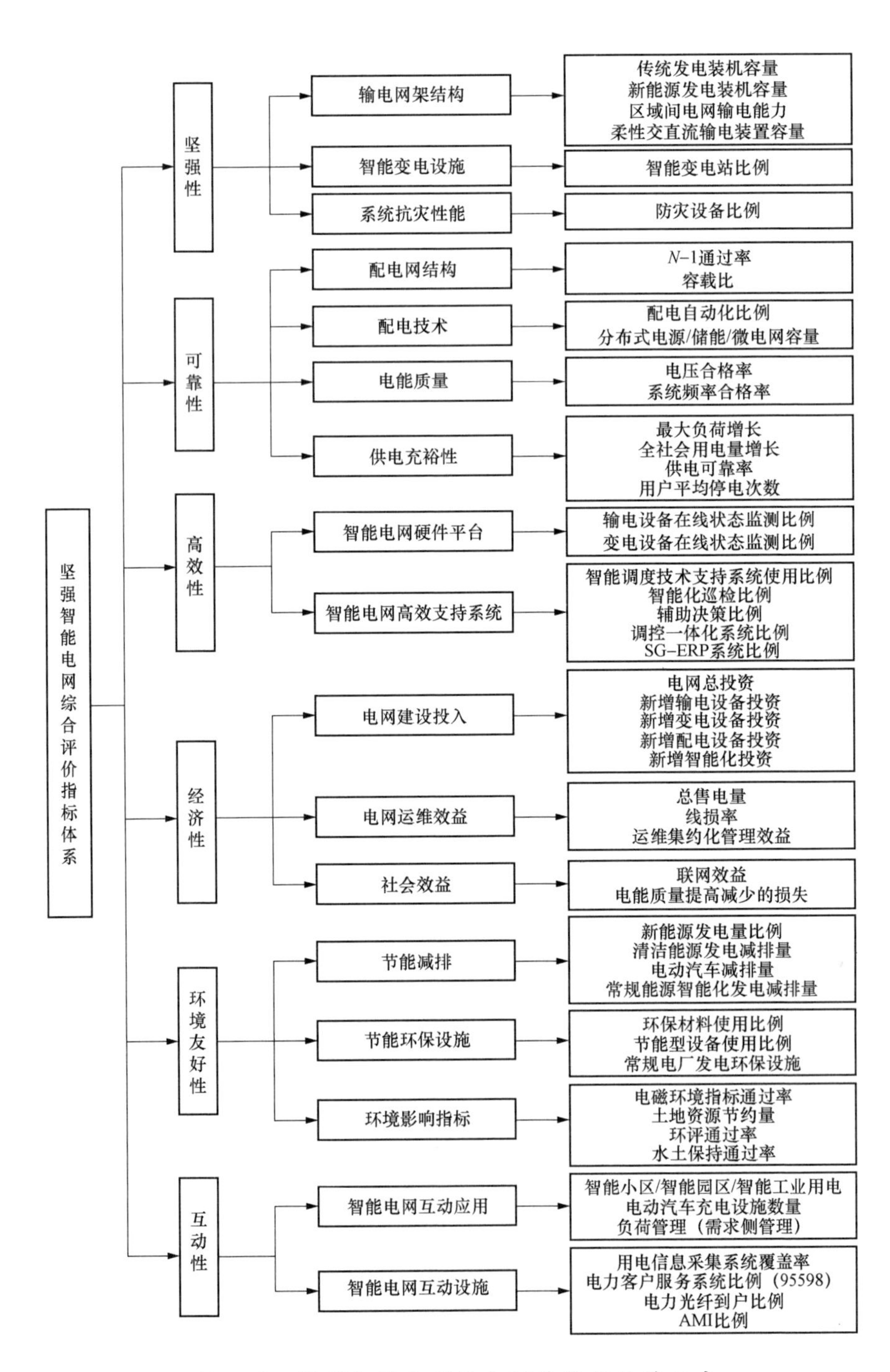

图 4-2 坚强智能电网综合评价指标体系示意

1）坚强性指标体系。

坚强性的内涵是指具有接纳多种电源发电的能力和容量、强大的电力输送能力和保持电网安全稳定运行的能力。坚强的网架结构和大容量的输送能力是电网发展建设的前提，在工业化、城镇化加速发展的社会背景下，扩大电网建设规模、灵活接入各种电源、提高电网输送能力是“坚强”的重要内容。

通过对智能电网坚强性影响因素的分析，构建智能电网坚强性评价指标体系包括输电网架结构、智能变电设施、系统抗灾性能三个方面。

2）可靠性指标体系。

可靠性指标是定量评价电力系统对客户供电能力的一个重要参数。通过对智能电网可靠性影响因素的分析，构建智能电网可靠性评价指标体系包括配电网结构、配电技术、电能质量、供电充裕性四个方面。

3）高效性指标体系。

高效性的含义即为通过发展智能电网，可以优化电源、电网以及终端的资产管理，实现从外延式增长向集约式增长转变，不断提升电力资产的利用效率。

通过对坚强智能电网高效性含义的理解及其影响因素的综合分析，构建智能电网高效性评价指标体系包括智能电网硬件平台及智能电网高效支持系统两个方面。

4）经济性指标体系。

经济性是指提高电网运行和输送效率，降低运营成本，促进能源资源和电力资产的有效利用。通过对坚强智能电网经济性含义的理解及其影响因素的综合分析，构建智能电网经济性评价指标体系包括电网建设投入、电网运维效益、社会效益三个方面。

5）环境友好性指标体系。

环境友好性的含义即为建设智能电网，可以促进清洁能源开发和消纳，为清洁能源的广泛高效开发提供平台，推动低碳经济和节能环保的长足发展。在坚强智能电网发展的带动下，可以提升可再生能源的接纳能力，提高可再生能源在终端能源消费中的比重，提升电网对发电侧的控制水平，提高发电设备的综合使用和能源利用效率，促进节能降耗，以及解决可再生能源（风电、光伏发电等）的接入、预测、监测、分析、控制等技术问题。

通过对坚强智能电网环境友好性含义的理解及其影响因素的综合分析，构建坚强智能电网环境友好性评价指标体系包括节能减排、节能环保设施、环境影响指标三个方面。

6）互动性指标体系。

智能互动作为智能电网的主要特点和建设目标，包括信息和电能的双向互动，鼓励用户改变传统的用电方式，积极参与电网运行，根据实时电价调整用电模式，且能够实现分布式电源的“即插即用”。

通过对坚强智能电网互动性含义的理解及其影响因素的综合分析，构建坚强智能电网互动性评价指标体系包括智能电网互动应用及智能电网互动设施两个方面。

（三）坚强智能电网综合评价案例分析

以A省电网为例进行智能电网综合评价的案例分析。A省电网基本为纯火电系统，火力发电占总装机容量的90%以上，其余为核电、水电、抽水蓄能发电、风电等。分别对该省2011—2015年的智能电网建设情况进行评估分析。

(1) A省坚强智能电网坚强性评价。

A省坚强智能电网坚强性评价结果如图4-3所示。

从评价结果可以看出，随着坚强智能电网各项建设的稳步推进，A省坚强智能电网坚强性水平提升速度较快，“十二五”前期快速增长，后期的发展速度减缓，整体处于稳步提升的趋势。新能源发电装

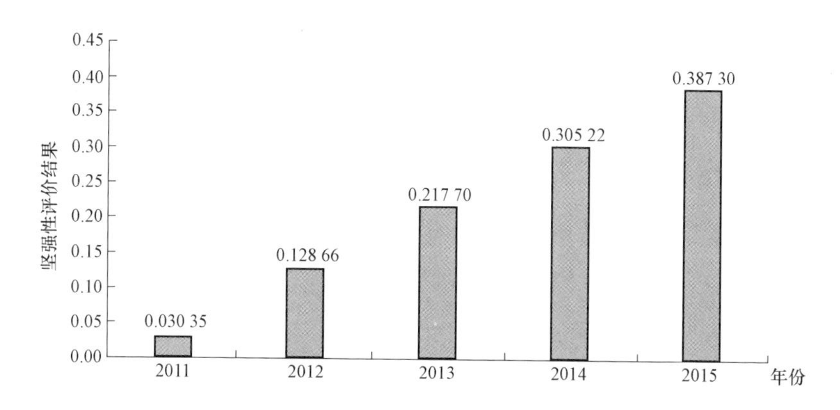

图 4-3 A 省坚强智能电网坚强性评价结果示意

机容量、区域间电网输电能力、智能变电站比例、防灾设备比例等指标综合权重较大，对 A 省坚强智能电网坚强性评价结果的影响程度高。因此，在 A 省全面建设坚强智能电网的过程中，在对智能电网坚强性方面的考量中，应注重新能源的发展，逐步提高区域间电网输电能力，加大智能变电站的建设与推广力度，加大防灾设备的配置力度，使 A 省智能电网坚强性水平进一步提高。

(2) A 省坚强智能电网可靠性评价。

A 省坚强智能电网可靠性评价结果如图 4-4 所示。

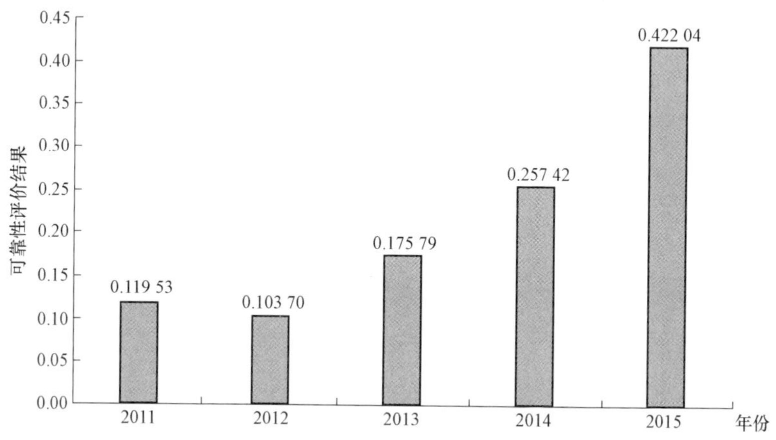

图 4-4 A 省坚强智能电网可靠性评价结果示意

评价结果说明，A省坚强智能电网可靠性水平呈现先缓后增的发展态势。从图4-4中可以看出，2011年与2012年可靠性提升缓慢，发展水平相当，且2012年较2011年有所降低，这主要是由于“十二五”前期负荷增长较快，新能源/微电网等随机性较强的元件大量接入，而相应的电网配套控制设备和控制策略尚处于完善阶段。从2013年开始至2015年，A省智能电网负荷增长得到有效控制，电网设施进一步完备，智能电网可靠性水平有明显的提升，且整体来看提升幅度较大。电压合格率、系统频率偏差、用户平均停电时间等传统的可靠性指标在A省坚强智能电网可靠性评价中依然占据着非常重要的位置，对评价结果的影响程度较大。除此之外，配电自动化比例的提高程度对智能电网可靠性的整体趋势也有一定影响。因此，在A省坚强智能电网的全面建设与发展过程中，应继续对传统的可靠性指标给予足够的重视，保障电能质量，满足电力用户对电能的需求，进一步提高坚强智能电网可靠性水平。

(3) A省坚强智能电网高效性评价。

A省坚强智能电网高效性评价结果如图4-5所示。

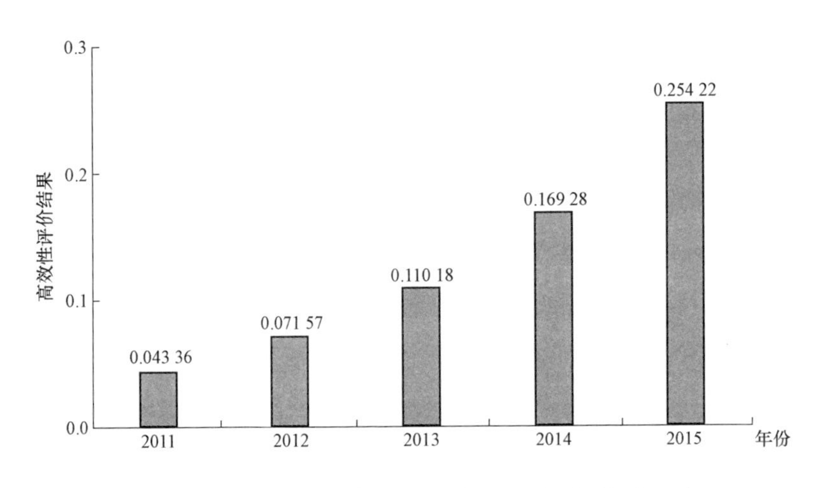

图4-5 A省坚强智能电网高效性评价结果示意

从评价结果可以看出，A省“十二五”期间坚强智能电网高效性水平以基本稳定且较快的速度稳步提升。由于输变电设备在线监测、智能调度支持系统、调控一体化系统等指标的比例较大幅度地提高，A省坚强智能电网高效性水平呈现逐年趋好的趋势。因此，上述指标对于坚强智能电网高效性水平的衡量具有重要意义。在A省全面建设坚强智能电网的进程中，要注重提高输变电设备在线监测水平，加快普及智能调度支持系统及调控一体化系统，加强智能化设备对电网优化调度和运行管理的信息支撑功能，使A省坚强智能电网高效性水平稳步提升。

(4) A省坚强智能电网经济性评价。

A省坚强智能电网经济性评价结果如图4-6所示。

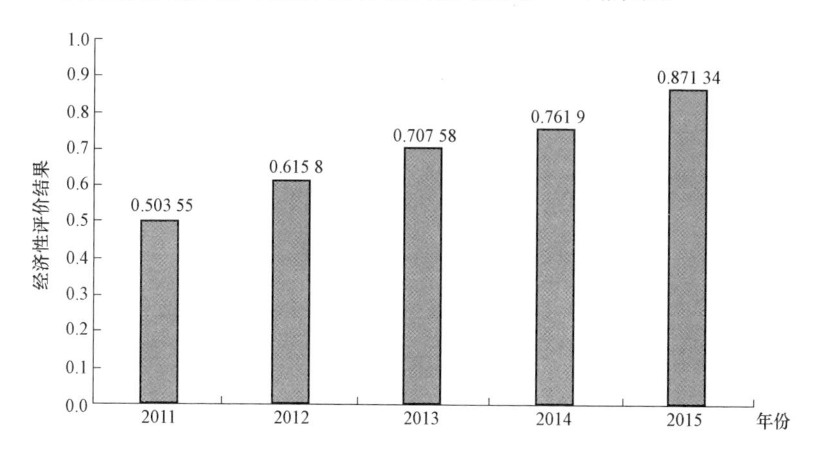

图4-6 A省坚强智能电网经济性评价结果示意

从计算结果可以看出，“十二五”期间A省坚强智能电网经济性水平以较缓慢的速度稳步提升，总体提升幅度不大，这主要是由于智能电网前期的投入较大，效益回收期较长，同时智能电网的效益还体现为社会效益等综合效益。在坚强智能电网经济性指标中，新增输变电设备投资、联网效益、电能质量提高减少的损失是影响A省智能电网经济性水平较大的指标。A省在建设坚强智能电网的进程中，对输变电设备投资、配电设备投资、智能化投资等控制较好，依据运维集约化效益、联网效益、电能质量提高等效益和智能电网发展水平合理投资，对经济性水平的提高与稳定起到重要作用。

(5) A省坚强智能电网环境友好性评价。

A省坚强智能电网环境友好性评价结果如图4-7所示。

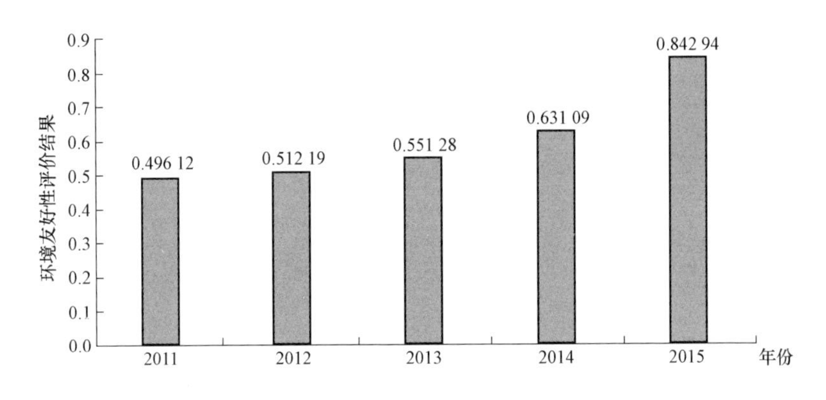

图4-7 A省坚强智能电网环境友好性评价结果示意

从评价结果中可以看出，A省坚强智能电网环境友好性水平在2011年至2015年之间稳中有升，且提升幅度逐年增加。由此可见，在A省坚强智能电网发展建设过程中，随着智能元件和智能控制设备的推广应用，智能电网在节能减排、环境保护等方面的作用功能逐渐发挥。2011—2013年间基本持平，2014年略有提高，2015年较之前四年相比提高幅度较大。在坚强智能电网的发展历程中，进一步提升可再生能源的接纳能力，提升电网对发电侧的控制水平，提高发电设备的综合使用和能源利用效率，促进节能降耗，推动低碳经济和节能环保的长足发展，可使A省坚强智能电网环境友好性水平进一步提高。

(6) A省坚强智能电网互动性评价。

A省坚强智能电网互动性评价结果如图4-8所示。

从评价结果可以看出，A省坚强智能电网互动性水平在2011年

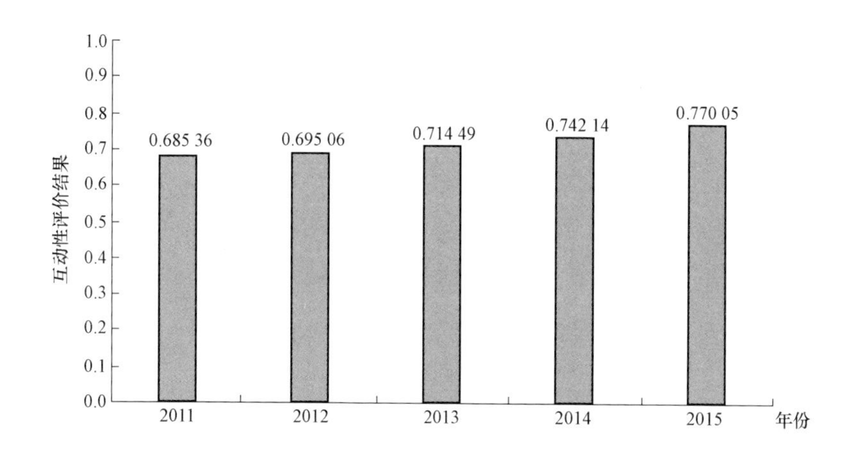

图 4-8 A 省坚强智能电网互动性评价结果示意

至 2015 年间稳步提升，但总体提升幅度较小，这与目前关于互动化关键技术及有关运营机制尚未明确有关。互动化作为智能电网建设的高级应用功能和重要内容，需进一步加大关键技术研发，并提出配套实施的运营模式。在 A 省坚强智能电网发展的进程中，需要通过加强 AMI 技术的研究与应用，积极促进电动汽车的发展与配套设施的建设，鼓励用户改变传统的用电方式，激励电源侧、用户侧主动参与电网安全运行，实现发电及用电资源优化配置，使 A 省坚强智能电网互动性水平进一步提升。

(7) A 省坚强智能电网综合评价。

依据上述对 A 省坚强智能电网各属性评价结果，可以得到 A 省坚强智能电网各年度综合评价结果，具体如图 4-9 所示。年增速及其排序如表 4-6 所示。

表 4-6　　A 省坚强智能电网综合评价结果

年份	增速（%）	排序
2011		5
2012	26.58	4

续表

年份	增速（%）	排序
2013	33.13	3
2014	28.26	2
2015	34.27	1

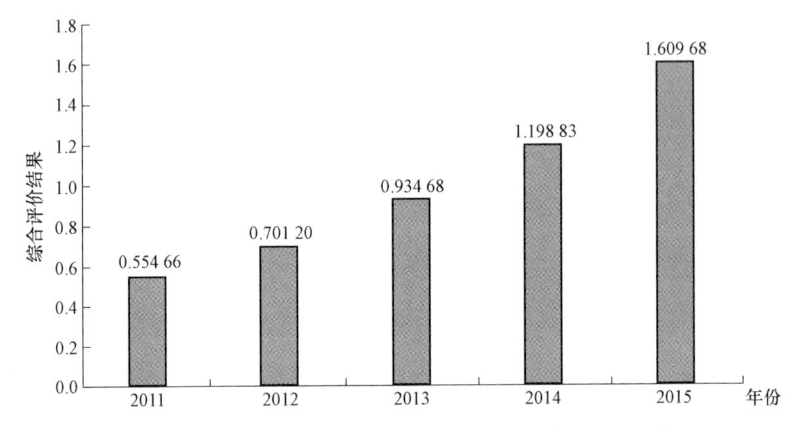

图 4-9 A 省坚强智能电网综合评价结果示意

A 省坚强智能电网综合评价结果雷达图如图 4-10 所示。

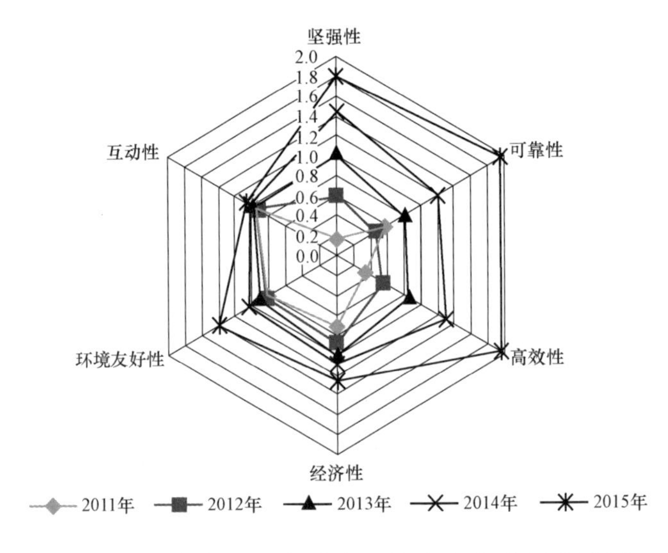

图 4-10 A 省坚强智能电网综合评价结果雷达图

从计算结果可以看出，2011—2015 年 A 省坚强智能电网综合评价结果整体呈现稳步上升的趋势，且发展速度适中。从雷达图中也可以看出，随着时间的推进，雷达图区域面积逐年增大，表示 A 省坚强智能电网整体综合水平逐年提高。

图 4-11 给出了 A 省“十二五”期间坚强智能电网各属性增速变化情况。

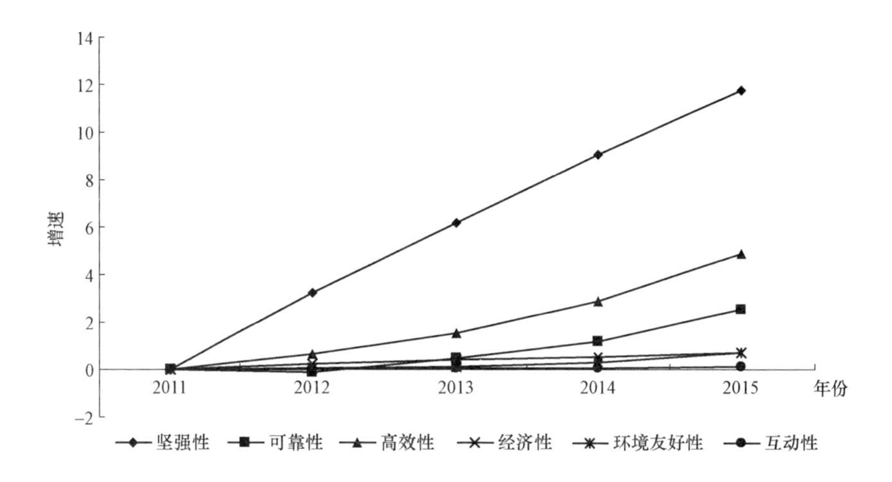

图 4-11　A 省“十二五”期间坚强智能电网各属性增速变化情况

“十二五”期间，A 省坚强智能电网坚强性水平始终保持了相对稳定的发展趋势，且发展速度较快；可靠性水平与高效性水平在此期间提升幅度较大，呈现先缓后增的发展趋势；经济性水平和环境友好性水平虽然在此期间始终以相对稳定的速度逐年提升，但整体水平变化不大，这与目前智能电网处于全面建设阶段有关，需要一定的时间周期才能全面体现智能电网的经济、社会效益；互动性水平的发展速度相对迟缓，其评价值仅有细微提升，一方面需要在 A 省坚强智能电网建设的进程中给予足够重视，采取有效措施提升互动性水平，另一方面也需要从国家和电力行业的角度深入开展互动化的技术和运营模式研究。

总体来看，A 省“十二五”期间坚强智能电网呈现坚强性、高效性、可靠性等属性的评价值较其余属性的评价值明显偏大的现象，可见 A 省坚强智能电网的建设和发展对电网的坚强、可靠、高效给予了足够的重视，且其发展水平对 A 省坚强智能电网综合水平有很大贡献。在 A 省全面建设坚强智能电网的过程中，需继续加大对经济性、互动性和环境友好性的重视和建设力度，使 A 省坚强智能电网能够均衡发展、全面提升，充分发挥坚强智能电网在 A 省经济社会发展中的重要作用。

4.1.3 国内外智能电网评价体系的对比研究

(1) 国外智能电网评价体系研究起步较早，其发展与智能电网建设紧密联系。

由于国外发达国家在电网发展建设评价方面已经积累了较为丰富的经验，对智能电网评价体系的作用和定位也更加明确，因此，在智能电网规划建设初期，就十分重视智能电网的评价工作，与智能电网技术研发、工程建设等相关工作同步开展。同时，除了电力公司、咨询机构之外，一些国家的政府也积极支持和引导相关工作的开展，起到了重要的推动作用。2009 年 7 月，美国能源部在其首次关于智能电网的系统报告——《智能电网系统报告》中就将智能电网的评价指标作为重要内容进行了论述。

(2) 智能电网评价体现了对智能电网内涵理解的不同，各种评价体系各有侧重。

目前，全球领域在智能电网战略意义、结构组成、推进措施等方面已经达成众多共识，如智能电网是包括发电、输变电、配电、用户等各个环节的完整电力系统，智能电网也是各国推动本国经济发展新的增长点等，但由于各国基本国情及电力行业发展阶段的不同，在具体制定智能电网发展目标和实施路径时，考虑的评估指标和标准也不尽相同。如美国电网设施老化陈旧，安全稳定隐患比较突出，因此美国电力研究院制定的评价指标中非常强调电力系统的安全可靠运行特性；而欧洲各国面临巨大的减排压力和资源相对匮乏的现状，因此其制定的智能电网评价指标中对新能源的开发利用和低碳发展给予了特别关注。

我国必须从自身国情出发，提出一种适合我国经济社会发展的智能电网发展模式。我国目前正处于城镇化、工业化快速发展阶段，智能电网作为公共基础设施，必须首先充分发挥智能电网服务于经济社会发展的基本属性，体现国家在能源战略调整、经济发展方式转变中的主要思路，服务于广大人民工作生活的需要。因此，我国智能电网评价可从全社会的角度出发，对智能电网的技术可行性、经济合理性以及社会效益进行综合评价。

4.2 智能电网与智慧城市

4.2.1 智慧城市

城市是人类社会经济文化发展到一定阶段的产物。当前，城市的发展进入信息时代，也面临着环境污染、交通堵塞、能源紧缺、住房不足、失业、疾病等多方面的挑战。在新环境下，如何解决城市发展所带来的诸多问题，实现可持续发展成为城市规划建设的重要命题。在此背景下，“智慧城市”成为解决城市问题的一条可行道路。智慧城市是当今世界城市发展的新理念和新模式，是城市可持续发展需求与新一代信息融合技术应用相结合的产物。

目前，全球尚无城市是实现真正意义上的智慧城市，也未形成统一的智慧城市概念。在不同视角，不同学科背景，不同国家、区域和城市之间，甚至在城市发展的不同阶段，智慧城市的概念均存在一定的差异，表 4-7 列出了目前美国、欧洲等国家（地区）对智慧城市的发展理念。

表 4-7　美国、欧洲等国家（地区）对智慧城市的发展理念

序号	国家	政策	理　念
1	美国	《经济复兴计划进度报告》	以智能电网项目作为其绿色经济振兴计划的关键性支柱
2	欧盟	“i2010”战略 《欧洲 2020 战略》	智慧型增长意味着要充分利用新一代信息通信技术，强化知识创造和创新，发挥信息技术和智力资源在经济增长和社会发展中的重要作用，实现城市协调、绿色、可持续发展
3	日本	I-Japan 战略	旨在构建一个以人为本、充满活力的数字化社会。让数字信息技术融入每个角落，并由此改革整个经济社会，催生新的活力，积极实现自主创新。通过数字化和信息技术向经济社会的渗透，打造全新的日本
4	韩国	“U-City”计划	在道路、桥梁、学校、医院等城市基础设施之中搭建融合信息通信技术的泛在网平台，实现可随时随地提供交通、环境、福利等各种泛在网服务的城市
5	新加坡	“iN2015”计划	定位是一个信息化技术应用无处不在的智能国家、一个全球化的城市

企业往往是智慧城市理念的践行者，随着智慧城市建设的不断推进，国外大型 IT 企业纷纷加入到智慧城市建设中，其中 IBM、思科、Oracle 等大型企业具有多年参与智慧城市的建设经验，为各行业参与智慧城市建设提供了参考经验。表 4-8 列出了国外企业主导的智慧城市发展理念。

表 4-8 国外企业主导的智慧城市理念

序号	企业名称	理　念
1	IBM	IBM 智慧城市的理念是把城市本身看成一个生态系统，城市中的市民、交通、能源、商业、通信、水资源构成一个个子系统。这些子系统形成一个普遍联系、相互促进、彼此影响的整体
2	思科	思科的“智慧互联城市”构想是通过整合式的公共通信平台，以及无所不在的网络接入，消费者不仅可以方便地实现远程教育、远程医疗、远程办理税务事宜，还可以实现智慧化地控制房间的能耗
3	Oracle	实体城市（政府、企业、公民、基础设施）是主体，是目标和结果；智慧城市（基于通信、计算、应用、虚拟等信息化设施构建的虚拟城市）是手段和方法

综合而言，智慧城市是把基于感应器的物联网和现有互联网整合起来，通过快速计算分析处理，对网内的人员、设备和基础设施，特别是交通、能源、商业、安全、医疗等实现实时管理和控制。智慧城市的内涵是让城市更加智能、绿色、集约、宜居，其特征是充分感知、深度互联、协同共享、智能处理。

4.2.2 智慧城市功能需求

智慧城市充分借助物联网和传感网，涉及智能楼宇、智能家居、路网监控、智能医院、城市生命线管理、食品药品管理、票证管理、家庭护理、个人健康与数字生活等诸多领域。智慧城市的功能需求如图 4-12 所示。

图 4-12 列出了智慧城市五个方面的功能需求。智慧能源是以信息通信、物联网等信息融合技术为基础，通过感知化、物联化、智能化等方式，形成以信息资源充分共享、应用管理精准高效、系统分配合理稳定等为特征的能源管理新模式。智慧能源管理综合考虑全部能

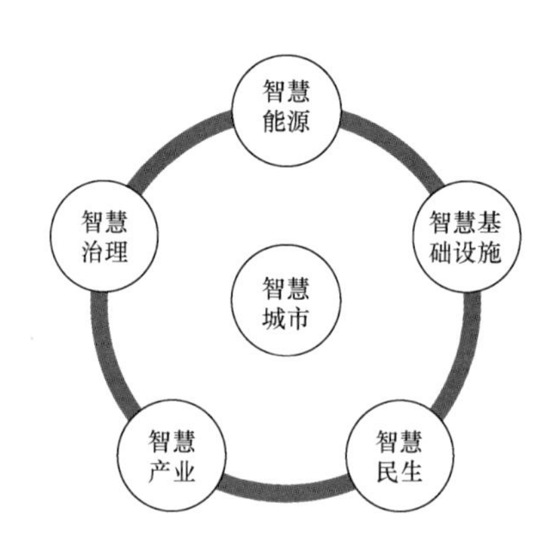

图 4-12 智慧城市功能需求

源的开发、储运、利用，从而构建一个在结构、规模、经济、节能和环保方面最优化、合理、安全和先进的能源结构。

智慧基础设施包括新一代信息网络设施、公共服务平台及经过智能化转型的城市基础设施，其中信息网络设施包括宽带网络、下一代通信网、物联网与“三网融合”等；公共服务平台包括云计算中心、信息安全服务平台及政府数据中心等；城市基础设施的智能化转型是城市发展的趋势与客观需要，包括水、电、气、热管网以及道路、桥梁、车站、机场、景区改造、公园、厕所等设施的感知化与智能化建设，从而形成高度一体化、智能化的新型城市基础设施，为智慧城市建设打下良好的基础。

智慧民生是智慧城市建设中需要重点解决的事情，它直接影响智慧城市建设的效果，不仅关系到人们的切身利益，更是智慧城市建设成功与否的关键。智慧民生主要是加大投入力度，不断提高政府服务能力及社会公益服务水平，为公众在衣食住行方面提供便捷、良好的服务，建设的内容主要包括智慧社会保障、智慧健康保障、智慧文化教育、智慧社区服务等。

智慧产业是直接或间接利用人的智慧进行研发、创造、生产、管理等活动，形成有形或无形的智慧产品以满足社会需要的产业。其中直接利用人的智慧，包括教育、培训、咨询、策划、广告、设计、软件、动漫、影视、艺术、出版等；间接利用人的智慧，包括加强新一代信息融合技术在研发、生产制造、管理、销售及服务等环节的应用，全面提升各环节的智慧化水平，提高产品的技术含量等。智慧产业是智慧城市建设的重要支柱，也是体现城市“智慧”的重要标准之一，智慧因素最终主要反映在投入产出比、资源消耗率及量化融合度等方面。智慧产业的快速发展将促进经济发展模式由劳动、资源密集型向知识、技术密集型的转变，提高知识与信息资源对经济发展的贡献率，促进信息融合技术与传统产业的融合发展，推动产业结构优化升级，使经济发展更智慧、更健康、更高效。

智慧治理包括智慧政府及智慧公共管理体系建设，其中智慧政府主要是自身建设，包括决策执行能力、管理服务透明度、业务协同水平的提升以及对企业的公共服务等；智慧公共管理体系建设主要是增强政府公共管理能力及社会参与管理意识，扩大管理主体，且通过信息融合技术提高管理水平及精准管理能力，实现城市智慧管理，使城市管理、运行监测、公共安全及应急处置等城市运行机制安全高效。

4.2.3 智能电网与智慧城市的相关性

智能电网推动了能源、基础设施、民生、产业、治理等智慧城市重要领域的智慧化，实现与智慧城市内涵、指标、功能和产业的对接，通过行业协同发展与合力提升，实现智慧城市蓝图。智能电网与智慧城市在内涵、指标、功能、产业四个方面具有显著相关性。

（1）内涵相关性。

智能电网对智慧城市的四个内涵——“智能、绿色、宜居、集约”各方面都具有支撑作用。

基于物联网构建的智能电网电力信息通信网协助打造城市神经网

络以及电力光纤到户延伸城市神经末梢多方位支撑智慧城市智能化；智能电网促进大规模清洁能源节约开发、分布式电源的高效接入以及推动电动汽车大规模普及、推动城市能源结构转型，使城市更加绿色；智能电网通过新能源并网为用户可靠供电，为电动汽车提供智能充换电服务、提供双向服务，以及为城市提供更多信息资源，使智慧城市更加宜居；智能电网通过推动产业结构转型和升级以及与用户互动促进城市能效提升来提升城市运行效率，让城市更加集约。

（2）指标相关性。

通过对智能电网支撑智慧城市发展的评价指标分析中，智能电网支撑智慧城市发展评价指标体系可设立5个一级指标，分别是城市管理、基础设施、公共服务、能源环保以及产业经济，共设13个二级指标，49个三级指标。通过研究发现，一方面，通过智能电网的建设和发展数据，可直接估算智慧城市在某些领域的发展水平；另一方面，在智能电网不能直接反映的其他领域，可通过智能电网搜集到的数据间接反映智慧城市的建设水平。在整个智慧城市的评价指标体系中，电网的智能化程度在诸多领域均可反映智慧城市的建设水平，这说明智慧城市的高效、有序建设与电网的智能化息息相关。

（3）功能相关性。

智能电网的电源技术、电网技术、用能技术、信息融合技术对智慧城市的能源、基础设施、产业、治理起到全方面的支撑作用。

1）智慧能源方面，电源技术主要支撑智慧开发，电网技术主要支撑智慧储运和智慧利用，用能技术支撑智慧储运及智慧利用，信息融合技术支撑智慧能源的各方面。

2）智慧基础设施方面，用能技术主要支撑智慧交通，信息融合技术支撑智慧交通、智慧管网，对于智慧水务，智能电网的支撑作用不明显。

3）智慧民生方面，用能技术、电源技术和电网技术对智慧社区服务有支撑作用，信息融合技术支撑智慧健康保障及智慧社区服务，对社会保障以及文化教育的支撑作用不明显。

4）智慧产业方面，用能技术、电网技术、电源技术以及信息融合技术对新兴智慧产业及传统产业的升级都有较好的支撑作用。

5）智慧治理方面，智能电网的信息融合技术支撑智慧治理的方方面面，对政府管理、决策提供了很好的支撑作用，有利于智慧城市的长久发展。

(4) 产业相关性。

物联网及智能电网发展将会带动核心设备制造业、通信信息业、应用服务等相关产业优化转型和升级，进而多层面地推动智慧城市产业协同发展及提升，构建多产业支撑的智慧产业体系，营造健康有序、和谐共赢的发展环境，为城市智能化建设奠定广泛的产业基础。

4.2.4 智能电网支撑智慧城市的关键技术及相关发展趋势

智能电网技术是支撑智慧城市发展的关键所在，构建智能、绿色、集约、宜居的智慧城市对智能电网技术创新提出了更高、更紧迫的要求。以清洁能源集中开发、分布式发电等为重点的电源技术，以特高压输电、柔性输电、直流电网、微电网、配电自动化、主动配电网等为重点的电网技术，以储能技术、电动汽车、定制电力技术、智能电器技术等为重点的用能技术，以物联网技术、大数据、云计算、信息通信技术等为重点的信息融合技术，基本涵盖了智能电网支撑智慧城市发展的关键技术。

(1) 电源技术。

电源技术主要是支撑智慧能源，且是发展智能电网、推动清洁替代的重要基础。未来电源技术创新的重点是清洁能源、分布式发电等。在风电技术方面，关键是突破风能资源评估与预测技术、风力发电装备制造技术和风电并网技术；在太阳能发电技术方面，关键是开发高效太阳能电池，提高光伏电池转换效率，降低光伏发电成本；在分布式发电技术方面，关键是要解决分布式发电系统优化运行问题。

（2）电网技术。

电网技术是智能电网的基础，支撑智慧能源、智慧产业、智慧民生，主要包括了特高压输电技术、柔性输电和直流电网技术、微电网技术、主动配电网以及配电自动化技术。

特高压输电技术主要向远距离、大容量、节约走廊等目标发展，高海拔线路的绝缘设计将是输电技术的转折点；柔性输电和直流电网技术方面主要是电力电子造价问题，研究经济性能好又易控制的器件；微电网技术需要在保护与控制以及电能质量监测、能量优化管理方面进行研究；主动配电网应在动力电池、微网变流器、电动汽车充换电站以及主动配电网能量调度与电能质量控制方面进行研究；配电自动化需要发展有利于满足和确保供电质量、符合高新技术装备和智能家用电器要求的技术。

（3）用能技术。

用能技术在智慧能源、智慧基础设施、智慧民生和智慧产业方面均有支撑作用，是智能电网支撑智慧城市发展的关键和重点，同时用能技术的创新发展是大范围实现能源清洁利用的重要技术基础。主要包括电动汽车技术、储能技术、定制电力技术以及智能电器技术。

电动汽车技术主要需要攻克电池储能的问题；储能技术的问题主要是寻找高性能储能材料以及对能量密度的提高方面；定制电力技术主要发展串联调压、并联补偿、串并联混合应用、UPS、高速电源切换、快速故障切除等技术；智能电器技术主要是克服成本问题，需要研究造价更低、性能又好的电子设备。

(4) 信息融合技术。

信息融合技术支撑智慧城市五大功能，智慧城市的建设与智能电网的物联网、大数据、云计算和信息通信技术关系最为密切，需着重加强智能电网中信息融合技术的研究，更好地服务智慧城市。主要包括物联网技术、大数据技术、云计算技术、信息通信技术。

物联网技术需要发展信息感知、传输、处理以及信息安全技术；大数据和云计算技术主要是选择适合智能电网发展的大数据技术以及将大数据与云计算相结合的平台开发；信息通信技术主要涉及通信信息化成本的降低以及新型通信技术应用于电力系统时加密技术的研究。

4.2.5 智能电网支撑智慧城市发展建设实践

随着我国相关政府部分政策的出台，各地智慧城市建设工作相继启动，并制定了智慧城市的建设目标和行动方案，以能源供应保障为基础，涵盖绿色环保、透明开放、友好协作、高效便捷、和谐宜居等内涵的智慧城市进入快速发展期。与此同时，清洁能源发展、节能减排、相关产业发展对智能电网的消纳能力、智能化改造、供电质量及可靠性、电网升级等也提出了更高的要求，推动智能电网发展迈入更高阶段。作为城市智能电网建设有效载体的智能电网综合建设工程，将智能电网工程实施与城市战略定位、发展诉求等相结合，在城市区域内优先建成智能电网，可以实现电网建设与城市发展的协调，成为智能电网支撑智慧城市建设的有效形式。

（一）建设理念

智能电网综合建设工程是指适应经济开发区、工业园区、科技城、生态社区、智能家居社区等城市区域和省级工业区的建设要求，由政府、电力公司、社会力量共同参与，以电网灵活可控、高可靠性供电、优质电力园区、绿色清洁能源、双向互动用电等为主题，涉及电网多个环节的综合性智能电网工程。智能电网综合建设工程将电网建设与城市发展相结合，注重电网与经济、社会、环境的协调发展以丰富城市服务内涵，具体如图 4－13 所示。

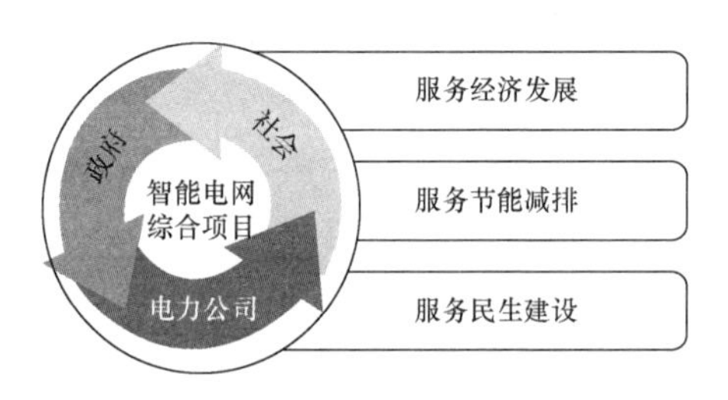

图 4－13　智能电网丰富城市服务内涵

（1）服务经济发展，提供可靠能源。

一是提高电网的安全稳定运行水平和供电可靠性，为传统产业的稳定、快速增长以及进一步转型创造条件；二是结合不同企业对供电质量的特殊需求，提供稳定、优质的电力供应，为当地新兴产业的发展、崛起奠定基础；综合项目建设实施中，通过优先选择当地智能电网相关企业的产品与技术，带动当地智能电网技术创新及产业转型升级。

（2）服务节能减排，打造绿色城市。

一方面，结合建设区域实际情况，充分利用可再生能源、电动汽车充换电设施等，推动可再生能源利用及电动汽车发展，减少碳排放，提升可持续发展能力；另一方面，采用需求响应、能效管理等手段，指导用户有序用电、科学用电，达到节能降耗和提高终端能源利用效率的目标，助力打造低碳、生态、绿色城市，支撑节能减排指标的完成和资源节约型、环境友好型城市的建设。

（3）服务民生建设，构建多彩生活。

将智能电网融入百姓生活，加强电网与用户间的信息交换、互动，及时响应供求关系的变化，确保电网的电能质量和服务质量，为用户提供适合、可承受、有吸引力且可持续的居住条件，提供高效、便捷、绿色低碳、按需定制的供用电服务，提升供用电服务的品质，发挥电网的增值服务潜力，实现终端客户分布式电源的“即插即用”，构建开放、互动的电力供应体系。

（二）内涵特点

智能电网综合建设工程具有互联互通、高度集成及配置灵活的特点。

（1）信息的互联互通。

智能电网综合建设工程建设过程中，物联网技术以及融合的宽带通信技术的应用，将实现城市基本元素的广泛互联及深度感知，实现海量数据的细粒度采集及高速传输。在此基础上，通过建设智慧城市一体化公共信息服务平台，打破信息应用的障碍，将实现信息的互联互通。

以福建海西厦门岛智能电网综合建设工程为例，智能电网综合建设工程将通过运用物联网、云计算等新一代信息通信技术，结合智能需求侧管理、光储互补微电网、电动汽车充换电网络、智能园区等子项建设，将清洁能源发展、节能减排、产业发展等城市发展基本元素连接，并通过智能用电公共服务平台，构建信息的互联互通。福建海西厦门岛智能电网综合建设工程方案设计如图 4-14 所示。

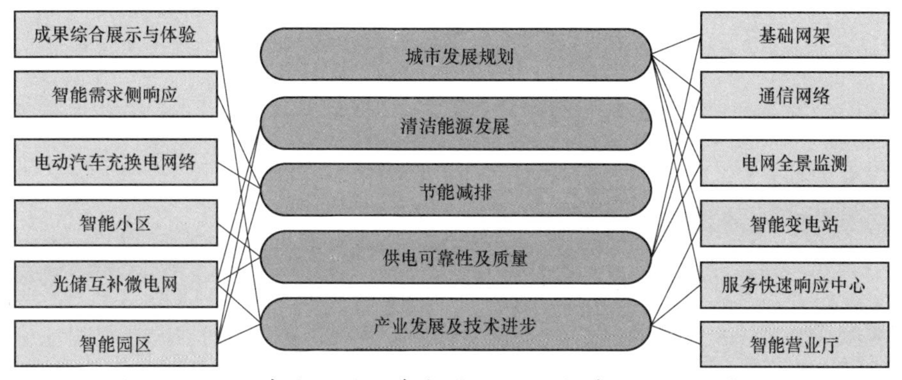

图 4-14 福建海西厦门岛智能电网综合建设工程方案设计

（2）系统的高度集成。

智能电网综合建设工程包含智能小区、用电信息采集、配电自动化、电力光纤到户、输变电设备在线监测系统、电能质量监测、智能一体化通信平台、储能系统、智能配电网技术经济研究与应用、智能化营配信息平台、清洁能源接入、智能变电站、电动汽车充换电站、综合应用展示厅、智能楼宇/综合能效管理系统等多个建设子项，这些建设内容覆盖广泛，集成了信息基础、能源环保、产业经济、公共服务以及民生感知等方方面面的内容。智能电网综合建设工程的实施，有助于加快智能电网与城市发展相融合，有利于提升智能电网建设的影响力和辐射带动作用，体现了智能电网对区域经济社会快速发展的支撑作用。

（3）项目的灵活配置。

综合建设工程将根据政府已有城市发展规划，选取国家级、省级重点开发区等具有地区影响力、政策优先的区域，将智能电网与区域定位相衔接。重点考虑该区域的战略发展定位、政府规划、智能电网建设基础、政府支持力度、社会参与积极性等多种内外部因素，开展智能电网综合建设工程方案策划。建设主题根据区域发展实际需求，将智能电网内涵与区域战略定位相融合，突出政府和社会参与，针对不同类型区域形成了差异化的建设方案，凸显建设区域的发展特点。

智能电网综合建设工程直观体现了智能电网对城市的支撑和促进作用，能够更好地为智慧城市的建设和发展提供强有力的支撑，成为智慧城市的重要基础平台。

（三）建设现状

自2009年以来，以国家电网公司为代表，将智能电网建设理念与城市区域定位相结合，先后组织实施了上海世博园、中新天津生态城、北京未来科技城、扬州经济技术开发区、江西共青城等5个智能电网综合示范工程，并在重庆、浙江、山东、黑龙江等17个省公司启动智能电网综合建设工程项目。其中，上海世博园、中新天津生态城、扬州经济技术开发区三项智能电网综合示范工程已建成投运，综合展示了国家电网公司在智能电网各领域的最新成果，体现了智能电网与城市的和谐发展。智能电网综合建设工程如表4-9所示。

表4-9 智能电网综合建设工程一览表

序号	项目名称	备注
1	上海世博园智能电网综合建设工程	2010年建成
2	中新天津生态城智能电网综合建设工程	2011年建成
3	扬州经济技术开发区智能电网综合建设工程	2012年底建成
4	江西共青城智能电网综合建设工程	2013年6月建成
5	北京未来科技城智能电网综合建设工程	2013年底建成
6	冀北唐山曹妃甸工业区智能电网综合建设工程	2012年启动
7	河北保定电谷智能电网综合建设工程	2012年启动
8	山东德州高铁新区智能电网综合建设工程	2012年启动
9	上海虹桥商务区智能电网综合建设工程	2012年启动
10	浙江绍兴镜湖新区智能电网综合建设工程	2012年启动
11	安徽合肥市滨湖新区智能电网综合建设工程	2012年启动
12	福建海西厦门岛智能电网综合建设工程	2012年启动
13	湖北武汉未来科技城智能电网综合建设工程	2012年启动
14	湖南韶山市智能电网综合建设工程	2012年启动
15	河南郑州新区智能电网综合建设工程	2012年启动
16	四川乐山智能电网综合建设工程	2012年启动
17	重庆两江新区智能电网综合建设工程	2012年启动
18	辽宁大连开发区智能电网综合建设工程	2012年启动
19	吉林农安新农村智能电网综合建设工程	2012年启动
20	黑龙江哈尔滨力群新区智能电网综合建设工程	2012年启动

续表

序号	项 目 名 称	备注
21	蒙东满洲里智能电网综合建设工程	2012 年启动
22	宁夏银川高新技术开发区智能电网综合建设工程	2012 年启动
23	山西太原长风商务区智能电网综合建设工程	2013 年启动
24	陕西西安高新区智能电网综合建设工程	2013 年启动
25	甘肃兰州新区智能电网综合建设工程	2013 年启动

根据相关资料，国家电网公司在智能电网综合建设工程中分为技术示范、满足需求、增值盈利三个阶段。这三个阶段的特征及目标定位如图 4 - 15 所示。

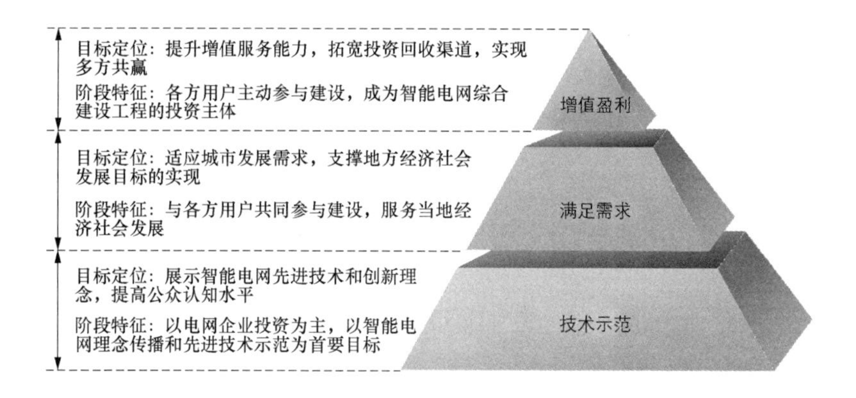

图 4 - 15　综合建设工程三个阶段的特征及目标定位

5 国内外智能电网发展展望

信息通信技术的升级、智能控制技术的发展、电网运行技术的成熟、互联网技术的应用，这些对智能电网的发展已产生显著影响。当前，智能化发展的内涵不断丰富，呈现以下特点：

一是电网运行控制和调度的智能化水平不断提升。信息化、自动化技术在电网运行控制和调度领域的应用不断深化，大电网建模仿真的水平也不断提高，正在推动电网观测从稳态到动态、电网分析从离线到在线、电网控制从局部到整体的技术跨越。未来先进信息通信技术、电力电子技术、优化和控制理论与技术、新型电力市场理论与技术等不断融合，成为国家泛在智能电网安全经济运行的基础，最终建立灵活、高效的能源供应和配置系统，形成安全、可靠的智能能源网络。

二是基于智能电网的供需方双向互动将持续深入。互联网、物联网等网络技术的不断发展以及电力光纤入户、智能电能表等设施的不断部署，大大加强了智能用电互动化的硬件平台，为用电多样化、智能化、互动化业务提供了通信保障；大数据分析、云计算等现代信息处理技术，使智能用电互动化可以充分挖掘海量数据蕴含的价值，推动互动业务的综合化、一体化、定制化，更好地服务于社会和经济发展。

三是智能电网从单纯的电力传输网络向智能能源信息一体化基础设施扩展。智能电网本身所具有的网络化优势以及电力通信网络所积累的信息通信资源，可以在社会生产生活的诸多领域共享利用，促进能源、信息设施实现一体化的网络资源集成复用，电网的信息数据资源可以通过灵活的增值服务和商业模式创造新的价值。各类智能终端、新型用电设备将会大量接入到智能电网，形成电力、信息双向流动的网络，智能电网从电网本体拓展到包含能源转化和利用设备的智能电力系统。

四是智能电网的泛在属性越来越凸显。人类社会对于能源的充足、可靠、清洁、便捷供应的要求不断提高，促使智能电网向泛在网络的方向不断发展。用户在享受灵活供电服务的同时，也期望获得丰富多元、全方位打破时间和空间局限的服务内容，这样的需求推动智能电网更进一步的发展。智能电网以用户为中心，通过不断融合新的网络，注入新的服务、业务和应用，逐步成为服务社会公众的基础设施和泛在网络，同时提供面向行业的基础应用，形成社会资源综合优化利用的价值网络。

现代电网的形态、功能正在发生深刻变化，智能电网功能正在向具有强大能源资源优化配置功能的智能化基础平台升级。随着“清洁替代、电能替代”的加快推进，清洁能源利用规模越来越大，电能在终端能源需求中的比重越来越高，电网配置能源资源的效益更加显著，将进一步促进全球范围内电网向互联互通迈进，逐步实现电网全球互联、清洁能源全球配置，形成全球互联的坚强智能电网。坚强智能电网将进入新的发展阶段——全球能源互联网。全球能源互联网是以特高压电网为骨干网架（通道），以输送清洁能源为主导，全球互联泛在的坚强智能电网。全球能源互联网将由跨国跨洲骨干网架和涵盖各国各电压等级电网（输电网、配电网）的国家泛在智能电网构成，连接“一极一道”和各洲大型能源基地，适应各种分布式电源接入需要，能够将风能、太阳能、海洋能等可再生能源输送到各类用户，是服务范围广、配置能力强、安全可靠性高、绿色低碳的全球能源配置平台。通过这个平台，可以连接各类电源和用户，实现各类能源的集约开发和高效利用。全球能源互联网作为连接各类电源和用户的网络枢纽，能够优化配置电源资源和用户资源，可以推动煤炭、石油、天然气、水能、风能、太阳能等各类能源的集约开发和高效利用。

参 考 文 献

[1] European Network of Transmission System Operators for Electricity. Ten - Year Network Development Plan 2014. July 2014.

[2] Interantional Energy Agency. Energy Technology Perspectives 2014. 美国西北太平洋智能电网示范工程官方网站 http：//www. pnwsmar - tgrid. org/.

[3] 国网能源研究院，坚强智能电网综合评价体系研究，2011.

[4] IBM Corporation. Smart Grid method and model. Beijing ：IBM Corporation，February 2010.

[5] U. S. Department of Energy. Smart Grid System Report. New York：U. S. Department of Energy，July 2009.

[6] The Electric Power Research Institute Inc. EPRI. Methodological Approach for Estimating the Benefits and Costs of Smart Grid Demonstration Projects. Palo Alto：The Electric Power Research Institute Inc，January 2010.

[7] 王智冬，李晖，李隽，等．智能电网的评估指标体系．电网技术，2009，33（17）：14 - 18.

[8] 国网北京经济技术研究院，智能电网试点项目评价指标体系与评价方法研究，2010.

[9] 赵慧颖．基于连续时间序列仿真的需求侧响应策略分析．天津：天津大学，2014.

[10] 德国 E - Energy 促进计划官方网站． www. e - energy. de/en.

[11] BDI Initiative. Internet of Energy. 2008.

[12] Ludwig Karg，B. A. U. M. An overview of the results of the E - Ener-

gy programme. 2013.

[13] 朱文韵. 全球智能电网标准化路线图制定机构介绍. http://www.istis.sh.cn/list/list.aspx? id=8596. 2015.

[14] 财团法人台湾产业服务基金会. 欧盟智慧电网与需量管理方法研析. 2014.

[15] 分布式能源系统的“伯乐”：虚拟电厂. http：//www.chinasmar-tgrid.com.cn/news/20131126/475500.shtml. 2013.

[16] 智能电网解决方案. http：//wenku.baidu.com/link? url=QM-qs-GjRnUi6m0rn5KU54jZO5CPAoCMl46du2x1lL1xpLeOAV7JASjwiwG-H7fnjze8B0G52qKCXoTpY3soSuNHZ5ylStLnHc48ZVDgMSEL7.